KB162368

나무 이야기 도감

일러두기

1. 식물 이름은 '국가표준식물목록'과 '국가생물종지식정보시스템'을 기준으로 했습니다.
2. 식물 과명은 국가표준식물목록을 기준으로 하되, 《한국식물도감》(2006)과 《대한식물도감》(2014)을 참고했습니다. 서로 맞지 않는 것은 일반적으로 쓰는 것을 택했습니다.
3. 차례는 식물 분류 기준에 따르되, 견주어 보기 쉽게 기준을 따르지 않은 것도 있습니다.
4. 식물 전문 용어는 쉽게 풀어 쓰려고 노력했고, 깨끗한 우리말로 바꿔 쓸 때 많이 길어지거나 복잡해지는 것은 그대로 쓴 것도 있습니다.
5. 나무 사랑을 시작한 사람들을 위한 책이므로 학명은 생략했고, 사진과 설명은 알아보기 쉽게 실으려고 노력했습니다.

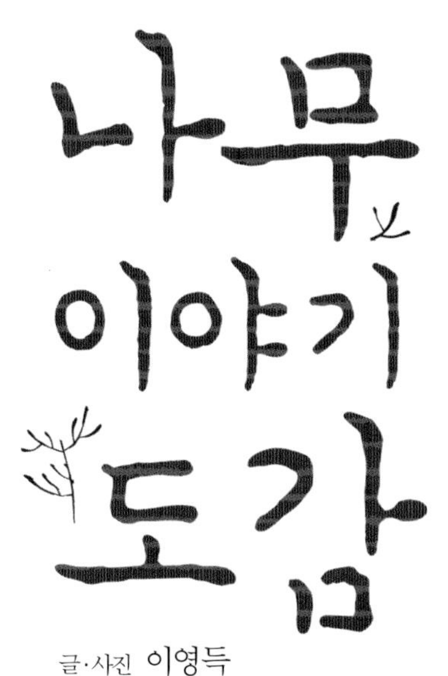

글·사진 이영득

머 리 말

나무랑 친해지는 데 도움이 되기를

오래전에 살던 아파트에 구실잣밤나무 길이 있었어요. 처음에 생각했어요. '하고많은 나무 가운데 왜 멋없는 나무를 심었지? 계절 변화를 느낄 수 있는 나무면 더 좋을 텐데.' 나무가 제 맘을 알았을까요? 겨울인데 두꺼운 잎이 어느 때보다 빳빳해 보였어요.

몇 년 새 나무는 몰라보게 컸고, 해마다 열매를 떨어뜨렸어요. '무슨 맛이 날까? 도토리처럼 쓸까?' 열매는 아주 담백하고 고소했어요. 잣 맛 같기도 하고, 밤 맛 같기도 한 열매. 그 자리에서 몇 개를 까먹었어요. 그 뒤 구실잣밤나무만 보면 다람쥐도 아니면서 열매가 익기를 기다려요.

추운 겨울을 견디려고 잎이 두껍고 빳빳한 것을 멋없다고 생각한 게 미안해 머릴 콩콩 쥐어박았어요. 지압이 돼서 지혜가 생겼을까요? 제주도 만장굴 뜰에서 만난 구실잣밤나무는 보는 순간 반하고 말았어요. 나무 품이 어찌나 넓고 멋진지 '내 나무'로 정했죠. 공공장소에 있는 나무가 어떻게 내 나무가 되냐고요? 후후, 가만히 안아주고 내 나무로 찜했다는 말이에요. 때로는 편한 친구 같고, 때로는 스승 같고, 때로는 기댈 언덕 같은 나무! 내 나무는 다른 나무하고 친해지고, 자연 품으로 가게 하는 징검다리가 돼주었죠.

이 책에는 풀꽃지기가 나무랑 친해지는 데 도움이 된 이야기를 풀었어요. 《나무 이야기 도감》 원고 요청이 왔을 때 생각했어요. '내가 즐기며 할 수 있을까? 책을 낸다면 어떤 나무를 실을까? 사람들은 어떤 게 궁금할까?' 보기 드문 나무보다 학교나 공원, 관공서에 있는 나무나 가로수처럼 우리 이웃으로 사는 나무가 더 궁금하고 애틋할 것 같았어요. 저 또한 그랬으니까요.

이 책이 아이, 어른, 선생님, 숲해설가 누구든 가까이 있는 나무하고 친해지는 데 도움이 되면 좋겠어요. 이건 비밀인데, 내 나무가 생긴 뒤 나무를 통해 세상을 보는 눈이 뜨이고 행복지수가 더 높아졌지 뭐예요. 여러분도 내 나무, 정해보지 않을래요?

2021년 봄

풀꽃지기 이영득

차 례

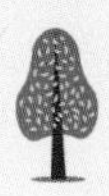

소철 _철분을 좋아해요

소철과

다른 이름 : 철수, 피화초, 풍미초
꽃 빛깔 : 누런빛 띤 갈색
꽃 피는 때 : 6~8월
크기 : 1.5~5m

소철은 철분을 좋아하는 성질이 있어요. 나무가 아플 때 철분을 주면 살아난다고 되살아날 소(蘇), 쇠 철(鐵)을 써요. 소철은 원기둥 모양 굵은 줄기 끝에서 많은 잎이 나고, 둥글게 퍼져 자라요.

소철은 일본 남부, 중국 동남부, 타이완 등이 고향이에요. 우리나라는 따뜻한 남부 지역과 제주도에서 흔히 심어요. 학교, 공원, 관공서에서 자주 눈에 띄죠. 커다란 나무 밑에 키 작은 가로수로 심은 곳도 많아요. 중부 이북 지방은 화분에 심어 실내에서 가꾸기도 해요. 끝에 모여난 잎은 새 깃 모양으로 아주 크고, 둥글게 돌려나요. 커다란 잎에 달린 작은잎은 선 모양이며 뒤로 조금 말려 있고, 잎끝이 날카로워 찔리면 아파요.

소철은 화석 나무라 해요. 은행나무나 메타세쿼이아보다 먼저 지구에 산 나무로, 중생대 쥐라기와 백악기에 살았대요. 소철은 식물이면서 놀랍게도 정자를 만드는 고등식물이에요. 꽃은 암수딴그루로 바람에 꽃가루를 날려 암꽃에 전하는 풍매화고, 꽃가루는 은행나무처럼 머리와 짧은 꼬리가 있어 동물의 정자가 움직이듯 암술을 찾아가요. 이것이 물속에 살던 식물이 땅 위로 이동해서 진화한 흔적이라고 해요.

소철 꽃은 특이하게 피어요. 수꽃은 6~8월에 잎 사이에서 길게 솟아 나오고, 암꽃은 잎 가운데서 커다란 전구처럼 둥글게 올라와요. 열매는 익으면 속에서 주황색 씨가 나오는 구과죠. 솔방울이나 잣송이처럼 비늘조각

소철_ 8월 28일

소철 수꽃_ 8월 22일

소철 암꽃_ 8월 24일

소철 열매_ 1월 9일

이 여러 겹으로 포개져 둥근 모양이나 원뿔 모양으로 있다가 익으면 비늘 조각이 벌어지며 씨가 나오는 열매를 구과라 해요. 소철 열매는 독이 있어서 먹으면 위험한데, 남태평양 원주민은 소철 줄기에서 녹말을 빼내 전통 음식을 만들기도 해요.

소철은 100년에 한 번 꽃이 핀다는 말, 들어본 적 있나요? 이는 사실이 아니에요. 우리나라는 소철이 자라는 열대 지역보다 추워서 꽃이 덜 피지만, 소철 꽃을 보기는 그리 어렵지 않아요. 제주와 부산, 경상남도, 전라남도 지역 학교에 소철이 많아요. 선생님과 어린이들이 소철 꽃을 봤을지 궁금해요. 특이하게 생긴 소철 꽃을 보고 꽃이라고 생각했을지도 궁금하고요.

왜종려(종려나무) _방아깨비 만드는 잎

야자나무과

다른 이름 : 종려, 종려나무
꽃 빛깔 : 노란빛
꽃 피는 때 : 5월 말~7월
크기 : 3~8m

72회 칸영화제에서 봉준호 감독이 영화 〈기생충〉으로 황금종려상을 받았죠. 상 이름에 종려가 왜 들어갔을까 궁금했는데, 트로피에 새겨진 잎이 눈에 띄었어요. 종려나무 잎보다 훨씬 길더라고요. 자료를 찾아보니, 그 잎은 영화제가 열리는 프랑스 지중해 연안의 휴양도시 칸 곳곳에서 자라는 대추야자 잎이라고 해요.

황금종려상이라는 이름은 야자를 종려로 잘못 번역한 결과래요. 거슬러 올라가면 성경을 번역할 때 야자를 보지 못한 중국 사람들이 익숙한 종려로 번역했고, 그게 퍼져 내려오다가 상 이름도 황금종려상이 됐죠. 식물이 사는 곳이 다르다 보니 이런 일도 생기네요.

우리나라에 자라는 종려나무 종류는 중국에서 들여온 당종려, 일본에서 들어온 왜종려가 있어요. 당종려는 '당종려나무', 왜종려는 '종려나무'라고도 해요. 두 나무만 보면 방아깨비가 생각나요. 빳빳한 당종려 잎으로 방아깨비를 만들면 사람들이 진짜 같다고 깜짝 놀라거든요. 오랜만에 방아깨비를 만들고 싶은데, 손이 기억하고 있을까 모르겠네요.

당종려와 왜종려는 둘 다 줄기에 털이 있는데, 이걸 종려털이라 해요. 줄기를 보호해서 추위를 나고 습기를 견디게 하는 성질이 있어요. 인공섬유가 나오기 전에는 종려털로 꼰 줄(종려승)로 수세미와 매트, 빗자루 등을 만들었어요.

왜종려_ 12월 13일

왜종려 잎_ 12월 13일

당종려 잎으로 만든 방아깨비_ 8월 27일

당종려_ 8월 22일

당종려는 중국 남부가 고향이에요. 기후가 비슷한 제주도와 전라남도, 경상남도 해안 지역에서 많이 재배해요. 학교와 공원, 관공서에 심고, 가로수로도 많이 심어요. 거제도 공곶이에는 당종려가 많은데, 여기서 〈종려나무 숲〉이라는 영화를 찍었죠. 왜종려는 잎이 원형에 가깝고 윤기가 나며, 꺾이거나 휘어 처지는 특징이 있어요. 당종려는 잎이 부채꼴이고 윤기가 없으며, 빳빳해서 늘어지지 않는 점이 달라요.

종려와 야자 종류는 나무처럼 보이지만, 나무에 들지 않아요. 나무에 들려면 2차 조직인 부름켜(형성층)가 있어야 하는데, 야자나무과 식물은 부름켜가 없어요. 부름켜는 식물의 물관과 체관 사이에 있는 분열 세포층이에요. 이게 자라서 나무는 해마다 줄기가 굵어지죠. 야자나무과에 드는 식

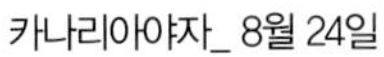

카나리아야자_ 8월 24일

카나리아야자와 대추야자 열매_ 9월 13일

물은 1차 조직이 두껍게 자라 줄기가 굵어요. 1차 조직에도 물관과 체관이 있거든요. 학교나 공원, 관공서, 도로 등에 심고, 나무처럼 보여서 야자나무과 식물도 나무와 같이 실어요.

카나리아야자

고향이 대서양 연안에 있는 카나리아제도라 붙은 이름이에요. 열대와 아열대 지역에서 조경수로 흔히 심고, 제주도 곳곳에 가로수와 정원수로 심어요. 제주도가 이 식물이 살 수 있는 지역이니까요. 학교나 공원, 관공서에서 육지와 사뭇 다른 분위기를 만들죠. 오래된 잎은 밑으로 처지고 가운데서 새잎이 나요. 연노란색 꽃이 늦봄부터 여름까지 피고, 열매는 길이

대추야자_ 10월 2일

2cm 정도 되는 타원형이에요. 서리가 내리지 않는 지역은 밖에서 자라고, 추운 곳은 실내에서 키워요. 키가 15~20m, 잎은 5~6m로 크게 자라요.

대추야자

중동에 있는 사막지대에서 자라고, 성경에 나오는 종려나무가 대추야자예요. '산대추야자'라고도 해요. 대추야자 줄기와 가지, 잎으로 집을 짓는 중동에서는 아주 귀하게 여겨요. 잘라도 잘 자라고, 열매가 많이 달려서 불멸과 풍요를 상징하는 나무로 여기죠. 예수가 예루살렘에 갔을 때 사람들이 반기며 대추야자 잎을 흔들었다고 해요.

길쭉한 타원형 열매가 대추를 닮았고, 녹색에서 붉은색, 다시 주황색으로 익어요. 생으로나 말려서 먹고 잼이나 젤리를 만들며, 꽃대를 자르면 나오는 끈끈한 물로 술을 빚어요. 서남아시아와 북아프리카에서 많이 재배해요. 키가 25m 정도 자라고, 잎 길이는 3~5m로 커요.

워싱턴야자_ 6월 2일

워싱턴야자 잎_ 8월 24일

워싱턴야자

미국 초대 대통령 조지 워싱턴 이름을 따서 워싱턴야자라 해요. 북아메리카가 고향이고, 우리나라는 제주도에서 많이 심어요. 제주국제공항에 내리면 워싱턴야자와 카나리아야자 등 야자나무과 식물이 어서 오라는 듯 손을 흔들어요. 한림공원에는 워싱턴야자가 쭉쭉 뻗어 있는데, 1971년에 황무지 모래땅에 씨를 심은 거래요. 길가, 공원, 학교, 관공서에서도 제법 보여요. 태풍이 지나갈 때 부러지는 녀석이 한둘 있지만, 줄기가 거의 섬유소라 바람에 잘 견딘대요. 잘 자랄 때는 키가 1년에 50cm 정도, 줄기가 15~27m로 곧게 자라요.

은행나무 _왜 은행나무라 할까요?

은행나무과
다른 이름 : 공손수, 백과, 압각자, 행자목
꽃 빛깔 : 암꽃 녹색 | 수꽃 연한 누런빛 띤 녹색
꽃 피는 때 : 4~5월
크기 : 60m

은행나무는 왜 은행나무라 할까요? 우스갯소리로 은행 앞에 심어서 은행나무라 한다는 사람도 있고, 은행이 열리면 팔아서 돈이 되니까 은행나무라고 한다는 사람도 있어요. 은행이 달렸으니까 은행나무라 한다는 사람, 어릴 때부터 은행나무인 줄 알았으니까 한 번도 이름에 대해 궁금해하지 않았다는 사람도 있죠. 이 나무 씨가 은빛이 나고, 살구씨를 닮아 은빛 은(銀), 살구 행(杏)을 써서 은행나무라 해요. 식물 이름에서 흰빛을 은빛이라 할 때가 많아요.

은행나무는 20~30년은 지나야 열매를 맺어 손자 때 열매를 본다고 '공손수', 씨가 희다고 '백과', 잎이 오리 발을 닮았다고 '압각자'라고도 해요. 은행이 달리는 암나무, 은행이 달리지 않는 수나무가 따로 있어요. 예전에는 꽃가루를 잘 퍼뜨리게 가지를 위로 뻗은 나무를 수나무, 가지를 아래로 뻗은 나무를 암나무라 믿기도 했어요. 하지만 다 맞는 게 아니어서, 가로수로 심은 은행나무는 냄새나는 열매 때문에 골칫덩이가 되기도 해요. 그러다 2011년 국립산림과학원이 DNA로 암나무와 수나무를 구별하는 방법을 찾았어요. 이제 필요에 따라 암나무와 수나무를 심을 수 있어요.

2009년 서울시 가로수를 조사한 결과, 1위가 은행나무였다고 해요. 그 다음은 양버즘나무, 느티나무, 왕벚나무 차례로 많았죠. 은행나무는 단풍이 아름답지만, 구린내 나는 열매 때문에 지나가다 코를 막는 사람이 많아

은행나무 단풍_ 11월 9일

은행나무 수꽃_ 5월 1일

은행나무 암꽃_ 5월 1일

은행나무 줄기에 생긴 젖기둥(유주)_ 5월 12일

은행나무 열매_ 9월 19일

은행과 살구씨_ 10월 1일

요. 가로수도 시대에 따라, 사람들 요구에 따라 달라져요.

은행잎은 1970년대에 독일로 수출했어요. 이때 번 외화가 인삼을 수출해서 번 돈보다 많았대요. 혈액순환 개선, 유해 산소 제거, 세포막 보호, 혈압 강하 등에 효능이 있어요. 우리나라 은행잎에 이런 성분이 풍부한 건 사계절 변화가 뚜렷하고, 일교차가 심한 날이 잦아 나무가 환경에 적응하며 만드는 2차 대사산물 양이 중국과 일본에 견주어 많기 때문이에요.

은행은 구워 먹고, 약으로도 써요. 옛날에 오줌싸개 아이가 이불에 지도를 그리고 몰래 빠져나와 나무 밑에서 울고 있었어요. 마침 수염 허연 어른이 지나가다 왜 우는지 묻더니, 주머니에서 볶은 은행을 꺼내줬어요. 아이는 어른이 말한 대로 날마다 은행을 몇 알씩 먹은 뒤, 이불에 지도를 그리지 않았대요. 공룡과 함께 살았다고 해서 '살아 있는 화석 나무'로 알려진 은행나무가 오줌 병을 고치는 나무라니 놀라워요.

구상나무 _88서울올림픽 상징 나무

소나무과

다른 이름 : 쿠살낭
꽃 빛깔 : 암꽃 자주색, 녹색 등 | 수꽃 누런색
꽃 피는 때 : 5~6월
크기 : 20m

구상나무는 우리나라 특산 식물이에요. 이름은 성게를 뜻하는 제주 말 '쿠살'과 나무를 뜻하는 '낭'이 합쳐진 '쿠살낭'이 변해 구상나무가 됐다고 해요. 지리산, 덕유산, 가야산, 한라산 등 주로 남쪽 지역 높은 산에서 만날 수 있어요.

키가 20m까지 자라는데, 한라산처럼 바람이 많이 부는 곳에서는 크지 않고 가지가 촘촘해요. 소나무과 전나무속에 드는 나무는 흔히 솔방울이라는 열매가 서듯이 달려요. 구과라고도 하죠. 구과가 달리는 나무는 구상나무, 가문비나무, 분비나무, 소나무, 잣나무 들이 있어요. 구상나무는 원뿔 모양 나무에 길쭉한 열매가 곧추서서 달려 아름다워요. 1988년에 열린 24회 서울올림픽 때는 구상나무가 우리나라 올림픽을 상징하는 나무이기도 했어요.

제주도는 '제주 화산섬과 용암 동굴'이라는 이름으로 2007년 유네스코 세계자연유산에 등재됐어요. 한라산 천연보호구역, 성산일출봉 응회구, 거문오름 용암 동굴계가 포함되는데, 구상나무는 한라산 천연보호구역의 대표 나무예요. 구상나무는 산꼭대기 쪽에 살다 보니 사는 곳이 좁고, 나무 수도 많지 않아요. 말라 죽어가는 나무가 자주 눈에 띄어 안타까워요. 한라산국립공원 성판악에서 백록담 구간, 관음사 구간, 영실에서 윗세오름 구간 곳곳에 이런 현상이 보여요.

구상나무_ 1월 26일

구상나무 수꽃_ 6월 8일

구상나무 어린 열매_ 6월 18일

구상나무 어린 열매, 붉은색_ 6월 18일

구상나무 열매_ 10월 7일

이 멋진 나무가 왜 죽어가고, 사는 곳이 좁을까요? 구상나무는 추운 곳을 좋아해요. 기온이 낮은 산 위로 날아간 씨앗은 싹이 터 자랄 확률이 높고, 아래쪽으로 날아간 씨앗은 살 확률이 낮죠. 그렇게 조금씩 산꼭대기로 올라가다 보니 사는 곳이 좁아질 수밖에 없어요. 게다가 기후변화로 구상나무가 살기 힘든 환경이 더해져 나무 수가 줄어든다고 해요. 세계자연보전연맹은 2013년에 구상나무를 멸종 위기종으로 지정하고, 한라산 구상나무 보전 전략을 마련하려고 국제 심포지엄을 열었어요. 요즘은 학교나 관공서, 공원 등에 심어 가꾸기도 해요.

구상나무는 서양에서 크리스마스트리로 알려져 있어요. 프랑스 선교사 포리(Urbain Faurie) 신부와 타케(Emile Joseph Taquet) 신부가 1907년 우리나라 구상나무를 유럽과 미국에 보냈는데, 이때 표본은 감정되지 않았

구상나무 여름 모습_ 6월 8일

분비나무_ 9월 10일

분비나무 잎_ 9월 10일

어요. 그 뒤 구상나무를 다시 찾아 학회에 보고한 사람은 하버드대학교 부설 아널드수목원에 근무하는 어니스트 윌슨(Ernest Wilson)이에요. 윌슨은 1917년 일본 식물학자 나카이 다케노신(中井猛之進)과 한라산에서 현장 조사를 해 새로운 종이라는 걸 확인하고, 표본을 채집해 1920년 신종 발표를 했어요. 구상나무 학명 *Abies koreana*(아비스 코레아나)는 '한국전나무'라는 뜻이에요. 아널드수목원에는 기준 표본 종자에서 자란 구상나무가 있어요.

구상나무는 솔방울을 이루는 조각의 뾰족한 돌기가 젖혀져요. 비슷한 분비나무는 돌기가 젖혀지지 않고 곧바로 서는 점이 달라요.

독일가문비나무 _뻐꾸기시계 추

소나무과

다른 이름 : 독일가문비, 긴방울가문비
꽃 빛깔 : 암꽃 녹색, 연붉은색 | 수꽃 누런빛 띤 녹색
꽃 피는 때 : 5~6월
크기 : 50m

가문비나무는 개마고원에서 백두산에 이르는 높고 추운 곳에 자라요. 우리나라에는 지리산 반야봉, 덕유산, 오대산 같은 높은 산꼭대기에 몇 그루 자라는 정도죠. 학교나 공원, 관공서에서 만나는 가문비나무는 대개 독일가문비나무예요. 가문비나무는 껍질이 검어서 검은피나무라 하다가 가문비나무가 됐대요.

독일가문비나무는 1920년쯤 일본을 통해 우리나라에 들어왔어요. 일본 사람들이 독일 슈바르츠발트(Schwarzwald)에서 자라는 걸 보고 독일가문비나무라 했고, 우리나라도 일본 이름을 그대로 번역해서 독일에만 있는 나무 같아요. 실제는 유럽 서남부를 뺀 여러 나라에서 자라요. 영어 이름이 노르웨이스프루스(Norway spruce)로, 노르웨이가문비나무라는 뜻이죠. 목재는 펄프와 가구, 배를 만들고, 울림이 좋아 명품 바이올린과 첼로 등 악기도 만들어요.

어느 학교에서 독일가문비나무 열매를 처음 보고 '어디서 본 듯한 모양이네' 하고 넘어갔어요. 그러다 뻐꾸기시계 추가 생각났어요. 한참 뒤 유럽에 갔을 때 슈바르츠발트에서 탄성을 질렀어요. 쭉쭉 뻗은 아름드리 독일가문비나무가 숲을 이루고 있었거든요.

"그래, 고향에서는 더 멋지구나!"

슈바르츠발트는 멀리서 보면 숲이 검어서 흑림이라고도 하는데, 눈앞에

독일가문비나무_ 7월 30일

독일가문비나무 숲_ 7월 30일

독일가문비나무 열매_ 8월 9일

아름드리나무가 쭉쭉 뻗은 검푸른 숲이 펼쳐지니 감동을 넘어 감사했어요. 열매가 보여서 눈길을 주는데 안내하는 선생님이 물었어요.

"열매가 무엇을 닮았나요?"

처음 봤을 때 생각이 나서 말했죠.

"뻐꾸기시계 추 닮았어요."

선생님 눈이 둥그레졌어요. 뻐꾸기시계 추는 참말로 독일가문비나무 열매를 본떠 만든 거라면서요. 그 감동이라니! 조금 뒤 우리는 뻐꾸기시계 추 모양 긴 솔방울을 주워 던져 넣기 놀이를 했어요.

덕유산자연휴양림에 독일가문비나무 숲이 있어요. 1931년 산림청에서 독일가문비나무가 살 만한 곳을 찾아 시험 연구를 하며 심었는데, 2010년 아름다운숲전국대회 '천년의 숲' 부문에서 상을 받았죠. 이 숲이 1000년 뒤 미래로 이어지고, 독일하고도 닿아 있을 거라 상상하니 가슴이 벅차요.

개잎갈나무 _히말라야에서 자라는 나무

소나무과
다른 이름 : 히말라야시다, 히말라야삼나무, 설송, 백향목
꽃 빛깔 : 암꽃 연둣빛 | 수꽃 누런빛
꽃 피는 때 : 10~11월
크기 : 30m

잎갈나무는 가을에 잎이 지는데, 개잎갈나무는 늘푸른나무라고 이런 이름이 붙었어요. 히말라야 지대에서 자라고, 낙우송과에 드는 삼나무 닮은 바늘잎나무(시다)라서 '히말라야시다'라고도 해요. '히'는 눈을, '말라야'는 산을 뜻해 중국과 북녘에서는 이 나무를 '설송'이라고 하죠. 개잎갈나무는 고향이 아프가니스탄, 히말라야 등이고 우리나라에서는 심어 가꿔요.

개잎갈나무는 키가 30m, 지름이 1m 정도로 자라요. 우리나라에 들어온 때는 일제강점기인 1930년쯤으로, 아직 100살이 넘거나 천연기념물로 지정된 나무가 없어요. 하지만 고향에서는 키가 50m, 지름이 3m나 되게 자라고, 1000살이 넘은 나무도 많대요.

박정희 전 대통령이 개잎갈나무를 좋아해서 1960~1970년대에 동대구로와 공원, 학교 등에 많이 심었대요. 제가 다닌 학교에도 개잎갈나무가 있었는데, 거뭇한 나무껍질이 눈에 띄었어요. 바닥에 조각조각 떨어진 열매를 보고 놀란 기억이 나요. 소나무 솔방울은 거의 통째로 떨어지거든요.

비슷한 잎갈나무와 일본잎갈나무도 있어요. 잎갈나무는 잎을 가는, 즉 낙엽이 지는 나무라는 뜻이에요. 잎갈나무는 금강산 이북 산이나 고원에 자라죠. 일본잎갈나무는 고향이 일본이에요. 잎갈나무는 잎 뒷면이 녹색이고, 열매를 겉에서 감싸는 조각이 25~40개로 적고, 끝이 뒤로 말리지 않아요. 일본잎갈나무는 잎 뒷면이 흰빛 도는 녹색이고, 열매를 감싸는 조각

개잎갈나무_ 5월 27일

개잎갈나무 수꽃_ 11월 5일

개잎갈나무 열매_ 11월 17일

일본잎갈나무_ 3월 26일

일본잎갈나무 새잎_ 4월 12일

일본잎갈나무 수꽃_ 5월 7일

이 50~60개로 많고, 끝이 젖혀지는 점이 달라요.

태풍이 지나간 뒤에 방송에서 개잎갈나무가 뿌리째 뽑혀 넘어진 걸 봤어요. 뿌리를 깊이 내리지 못하기도 하지만, 심은 자리가 뿌리를 맘껏 내릴 수 없는 곳도 많죠. 개잎갈나무는 공원이나 가로수로 많이 심어요. 잘 자란 나무는 원뿔 모양으로, 씩씩한 청년 같아요. 가로수로 심은 나무는 가지를 뻗으면 차가 다니는 데 방해가 된다고 싹둑싹둑 잘라서 제 모습이 아닐 때가 많아요. 나무와 차가 다니는 사이가 넉넉하면 좋을 텐데요. 나무는 뿌리를 내리는 곳에 따라 모습이 달라지고, 운명이 갈리기도 하죠.

소나무 _솔방울, 얼마 만에 익나요?

소나무과

다른 이름 : 솔, 솔나무, 적송, 육송, 춘양목, 황장목
꽃 빛깔 : 암꽃 연자주색 | 수꽃 노란색
꽃 피는 때 : 5월
크기 : 35m

'남산 위에 저 소나무 철갑을 두른 듯 바람 서리 불변함은 우리 기상일세.' 애국가 2절 가사 일부죠. 늘 푸른 소나무는 애국가뿐 아니라, 도시를 상징하는 시목이나 도목, 학교를 상징하는 교목으로 정한 곳이 많아요. 산림청에서 우리나라 사람이 좋아하는 나무를 조사했는데, 46%가 소나무를 좋아한다고 대답했대요.

가끔 이렇게 묻는 사람이 있어요. "소나무에도 꽃이 피나요?" 소나무도 꽃이 피죠. 그럼 소나무에는 몇 가지 솔방울이 달릴까요? 소나무 한 그루에 세 가지 솔방울이 있어요. 봄에 꽃가루받이한 아기 솔방울, 1년 된 푸른 솔방울, 2년째 가을에 익은 갈색 솔방울. 솔방울은 2년에 걸쳐 익어요. 솔방울이 익어 벌어지면 바람을 타려고 날개를 단 씨가 나와요. 씨는 잣 맛이 나고, 다람쥐나 새한테 좋은 먹이예요. 먹히지 않고 용케 싹이 나고 잘 자라야 커다란 소나무가 되죠.

경상북도 청송군 주산지에 가면 멋진 소나무가 많아요. 몇몇 나무는 송진을 채취한 상처가 빗살 무늬로 남아 있어요. 1960년대 중반에 경제 사정이 어려워 송진을 채취하고, 원목을 쓰려고 베기도 했대요. 1976년에 주왕산이 국립공원이 되면서 그런 일이 중단됐으니 다행이에요.

포항 송라초등학교 교목이 소나무예요. 사철 푸른 소나무처럼 굳세고 튼튼하게 자라라는 뜻이겠죠. 이 학교에 '솔빛쉼터'라는 학교 숲이 있어요.

소나무_ 10월 6일

소나무_ 7월 12일

소나무 겨울눈, 붉다._ 12월 22일

소나무 수꽃과 암꽃_ 5월 12일

소나무 솔방울 3가지_ 6월 30일

2012년 아름다운숲전국대회 '아름다운 숲' 부문에서 상을 받은 곳이죠. 학생들이 나무 아래서 연주하며 음악제를 열기도 한다니 가서 보고 싶어요.

소나무는 줄기가 불그레해서 '적송', 내륙 지방에서 자란다고 '육송'이라고도 하지만, 우리 조상들은 '솔' '솔나무'라고 했어요. 옛 기록에는 '송' '송목'으로 나오고요. 나무를 쓰기 위해 켠 널빤지는 송판, 소나무 가운데 재질이 좋은 나무는 '황장목'이라 했어요. 적송은 일본 이름이에요. 소나무를 "소나무야!" 하고 부를 수 있어서 좋아요.

소나무는 햇빛을 좋아하는 양지나무죠. 넓은잎나무가 많은 숲에서 소나무는 무성하게 자라지 못해요. 경주 남산은 소나무가 아름다운 곳이에요. 우리나라에는 소나무가 유난히 많은 산이 있어요. 고려 시대에 몽골이 쳐

곰솔_ 8월 16일

곰솔 줄기_ 9월 11일

곰솔 겨울눈, 희다._ 10월 21일

곰솔 암꽃과 수꽃(아래)_ 5월 2일

곰솔 솔방울_ 6월 16일

들어왔을 때 배를 만들려고 참나무, 느티나무 같은 넓은잎나무를 베어 소나무가 잘 자란 덕이 컸다고 해요. 소나무는 바늘 같은 잎이 두 개씩 모여 달리고, 한 나무에 암꽃과 수꽃이 따로 피어요. 송홧가루라 하는 수꽃 꽃가루는 영양이 많고 솔향기가 나서 음식을 만들거나 약으로 써요.

곰솔

잎이 빳빳하고 날카로워 곰 털처럼 억세서 곰솔이라 한대요. 줄기가 검어 검솔이라 하다가 곰솔이 됐다고도 하죠. 바다와 육지가 닿는 해안 지대에서 잘 자라는 소나무라고 '해송'이라고도 해요. 바닷가에 곰솔로 바람막이 숲을 가꿔 바람과 모래가 쓸려 가는 것을 막기도 해요. 곰솔 겨울눈은 흰

반송_ 10월 25일

리기다소나무 줄기에 난 잎_ 6월 1일

빛이, 소나무 겨울눈은 붉은빛이 돌아요. 소나무와 곰솔이 가까이 자라면 중간형이 생기기도 해요. 곰솔은 잎이 두 개씩 모여나요.

반송

나무 생긴 꼴이 소반 같다고 반송이에요. 소반은 작은 밥상이죠. 반송은 밑에서 줄기가 여러 개로 갈라지는 특징이 있어요. 곰솔에 접붙이기해서 조경수로 심어요. 학교나 공원, 관공서 등에 많아요. 반송이 자라는 환경은 소나무와 비슷해서 소나무와 섞여 자라요. 햇빛이 잘 들어야 사는 소나무에 견줘, 반송은 충분한 햇빛이 필요하지만 음지에서도 견뎌요. 잎이 두 개씩 모여나요.

리기다소나무

고향이 미국 대서양 연안이에요. 줄기에서 짧은 가지가 많이 나와요. 또 맹아(부정아)에서 잎이 나 줄기에 초록 털이 솟아난 것처럼 보이고요. 생명력이 강하지만, 줄기에 옹이와 송진이 많아 목재로는 질이 떨어져요. 솔방울 조각에 날카로운 가시가 있는 점도 소나무와 달라요. 우리나라에는

백송_ 1월 1일

금송_ 9월 10일

1914년쯤 씨앗을 가져와 심었고, 1970년대에 산림녹화를 하면서 심은 것이 지금에 이르죠. 잎이 세 개씩 모여나요.

백송

나무껍질이 벗겨져 회백색 얼룩무늬가 생겨서 백송이라 해요. '백골송' '흰소나무'라고도 해요. 우리나라에는 일찍이 들여왔는데, 번식력이 약해서 나무 수가 적어요. 씨앗을 싹 틔우기는 쉽지만, 옮겨 심으면 잘 자라기 어려운 나무예요. 고향인 중국에서는 목재를 건축재로 쓰고, 씨앗은 기름을 짜서 먹어요. 추위에 강하고, 잎이 세 개씩 모여나요.

금송(낙우송과)

금송은 낙우송과에 들고, 고향이 일본이에요. 학교, 관공서, 공원 등에서 심심찮게 보여요. 가지 자르는 것을 싫어하고, 그냥 둬도 나무 모양이 흐트러지지 않아요. 잎은 윤기가 나고 짙은 녹색이에요. 꽃은 암수한그루로 3~4월에 피고, 열매는 이듬해 10~11월에 익어요.

섬잣나무 _섬에서 자라는 잣나무

소나무과

다른 이름 : 오엽송
꽃 빛깔 : 암꽃 연자주색, 연녹색 | 수꽃 누런색
꽃 피는 때 : 4~5월
크기 : 30m

키가 30m로 자라는 나무예요. 섬에서 자라는 잣나무라고 섬잣나무라 해요. 이름에 잣나무가 들었지만, 열매는 잣보다 작고 실하지 않아 씨를 까도 먹을 게 별로 없어요.

울릉도 해안가 산기슭과 성인봉 둘레에서 자라요. 잣나무처럼 잎이 다섯 개씩 모여 달려서 '오엽송'이라고도 해요. 하지만 잎이 잣나무나 소나무보다 짧아요. 바람 많은 섬에 사니 잎이 짧아야 바람을 덜 타죠. 바닷바람에 약해, 바닷가에서는 튼튼하게 자라는 걸 보기 힘들어요. 울릉도 태하동 섬잣나무 자생지는 솔송나무 · 너도밤나무 군락과 함께 천연기념물 50호로 지정됐어요.

울릉도에서 섬잣나무를 처음 봤을 때 많이 놀랐어요. 학교나 공원에서 본 나무는 키가 작고 깔끔했거든요. 울릉도 섬잣나무는 소나무만큼 크고 가지가 헝클어지듯 자라서 매우 낯설었어요. 학교나 공원에 있는 섬잣나무는 일본에서 개량한 원예종이 많아요. '일본오엽송' '일본섬잣나무'라고도 해요.

섬잣나무는 바늘 모양 잎 뒷면에 흰빛이 도는데, 여기가 숨구멍(기공)이에요. 숨쉬기와 증산작용을 하는 작은 구멍으로, 섬잣나무 숨구멍은 줄 모양이어서 숨구멍줄(기공선)이라고도 해요. 섬잣나무는 광합성을 하면서 이곳으로 이산화탄소를 받아들이고 산소를 내놓죠. 남은 물은 수증기로 잎

섬잣나무_ 4월 14일

섬잣나무 암꽃_ 5월 9일

섬잣나무 줄기_ 4월 14일

섬잣나무 열매_ 5월 7일

섬잣나무 일본 품종_ 6월 21일

섬잣나무 일본 품종 열매_ 6월 1일

잣나무_ 7월 18일

잣나무 숲_ 12월 29일

밖에 내보내고요. 잣나무와 소나무도 잎 뒷면에 숨구멍줄이 있어요.

섬잣나무도 소나무처럼 암수한그루예요. 솔방울 모양 구과는 이듬해 가을에 익어요. 우리나라에는 잣나무도 있어요. 잣나무 열매는 섬잣나무보다 크고 맛이 고소해요.

섬잣나무는 반 그늘진 곳을 좋아하지만, 양지바른 데서도 잘 자라요. 습기가 많은 땅은 싫어하고, 뿌리를 깊게 내려서 옮겨심기가 쉽지 않아요. 느리게 자라서 곰솔에 가지를 접붙이는 방법으로 키우기도 해요.

메타세쿼이아 _화석으로 보던 나무

낙우송과

다른 이름 : 수삼나무
꽃 빛깔 : 노란색
꽃 피는 때 : 3월~4월 초
크기 : 30~50m

전라남도 담양에는 소문난 메타세쿼이아 가로수길이 있어요. 늘어선 아름드리나무 사이로 걷는 사람, 사진을 찍는 사람, 의자에 앉아 쉬는 사람, 유모차 끄는 엄마 아빠, 뛰어다니는 아이, 나란히 걷는 연인과 어른… 모두 어찌나 행복해 보이는지 나무 정령이 삼삼오오 노는 듯해요.

이 길은 1972년 정부 가로수 시범 사업에 선정돼 메타세쿼이아를 심은 거래요. 담양읍에서 순창으로 이어지는 약 8km 구간이죠. 30년 가까이 지난 뒤 아름드리나무로 자라 20m 넘게 쭉쭉 뻗자, 멋진 가로수길이 돼서 입소문이 났어요. 그러다 2000년에 이 길로 고속도로가 뚫릴 뻔했어요. 이때 주민들이 나무를 지키는 운동을 벌이면서 더 알려졌고, 학동리 앞 1.5km 구간은 차를 막아 사람들이 편하게 걷고 쉴 수 있어요.

메타세쿼이아는 나무보다 화석이 먼저 발견됐어요. 세계 어디서도 나무가 보이지 않아 멸종됐다 여겼는데, 1941년 중국 양쯔강(揚子江) 상류에서 왕잔(王戰)이라는 산림 공무원이 엄청 큰 나무를 발견했어요. 왕잔은 나무 표본을 베이징대학(北京大學) 부설 생물학연구소에 보냈고, 화석으로만 발견된 나무라는 게 밝혀졌어요. 나무가 미국에 있는 세쿼이아를 닮았고, 그 나무보다 나중에 발견돼서 '뒤에'를 뜻하는 메타(meta)를 붙여 메타세쿼이아라고 해요.

그 뒤 메타세쿼이아는 미국 아널드수목원에서 활발하게 번식했고, 우

메타세쿼이아_ 8월 9일

메타세쿼이아, 잎이 마주난다._ 11월 16일

메타세쿼이아 열매와 수꽃_ 3월 15일

메타세쿼이아 열매_ 11월 16일

메타세쿼이아 단풍_ 11월 17일

메타세쿼이아 겨울 모습_ 1월 13일

리나라에는 1956년 현신규 박사가 들여와 심기 시작했어요. 그런데 놀랍게도 경상북도 포항에서 메타세쿼이아 화석이 나왔어요. 오래전에 우리나라에도 쭉쭉 뻗은 메타세쿼이아가 자랐다는 걸 상상하면 기분이 좋아요. 메타세쿼이아가 더 멋져 보이기도 하고요. 춘천 남이섬 메타세쿼이아길, 창원 죽동마을 메타세쿼이아길, 진주 경상남도수목원 메타세쿼이아길도 멋있어요.

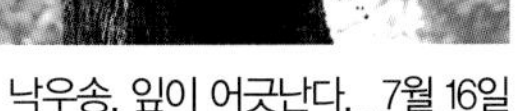

낙우송, 잎이 어긋난다._ 7월 16일

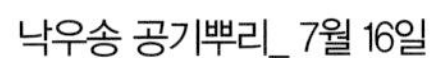

낙우송 공기뿌리_ 7월 16일

낙우송 열매와 수꽃_ 11월 17일

메타세쿼이아는 은행나무나 소철처럼 공룡과 살던 나무여서 '살아 있는 화석 나무'라 해요. 암꽃과 수꽃이 한 그루에서 따로 피고, 목재는 부드러워 펄프용으로 써요. 메타세쿼이아는 잎이 마주나고, 비슷한 낙우송은 잎이 어긋나요. 메타세쿼이아는 이산화탄소 흡수량과 탄소 저장량이 높아, 메타세쿼이아 길을 떠올리기만 해도 숨이 트여요.

낙우송

고향이 미국이고, '아메리카수송'이라고도 해요. 새 깃 모양 잎이 질 때 그대로 떨어진다고 떨어질 락(落), 깃 우(羽), 소나무 송(松)을 써서 낙우송인데, 소나무과에 들진 않아요. 이름 그대로 낙우송과죠. 축축한 곳을 좋아한다고 '수향목'이라고도 해요. 물가에서 숨을 잘 쉬려고 뿌리 둘레에 공기뿌리를 불쑥 솟아 올려요. 공기뿌리는 무릎을 닮아 무릎뿌리라고도 해요. 낙우송은 키가 50m, 지름 4m로 자라고, 고향에서는 800~1300살까지 살아요. 메타세쿼이아와 비슷한데 잎이 어긋나요. 열매는 메타세쿼이아보다 1.5~2배 크고, 열매자루가 거의 없는 점도 달라요.

삼나무 _쑥대낭이 뭐예요?

낙우송과

다른 이름 : 쑥대나무, 쑥대낭
꽃 빛깔 : 암꽃 녹색 | 수꽃 누런색
꽃 피는 때 : 3월
크기 : 40m

삼나무는 부산 성지고등학교 교목이에요. 학교 뒷산에 삼나무 숲도 있어요. 학생들이 학교에 가면 삼나무 숲에서 나는 싱그러운 향을 맡겠다 싶으니 기분이 좋아요. "학교 가서 먹어!" 하고 보약 한 봉지 챙겨 보낸 엄마처럼요. 삼나무가 뿜는 피톤치드(60쪽 참조)에서 나는 향이 공부하느라 힘든 학생과 선생님을 어루만져주겠죠. 피톤치드는 삼나무, 편백, 소나무 같은 나무에서 많이 나와요.

부산 성지곡수원지에는 삼나무와 편백이 어우러진 숲이 있어요. 사람들이 산림욕을 즐기고 학생들이 소풍을 가기도 하는 곳이죠. 산림욕은 나무가 자신을 지키려고 잎에 난 숨구멍으로 내보내는 휘발성 성분인 테르펜을 우리가 숨으로, 피부로 마시는 거예요.

삼나무 고향은 일본으로, 스기(杉木)에서 가져온 이름이에요. 스기는 '곧은 나무'라는 뜻이고요. 제주도에도 삼나무가 많아요. 쑥대가 올라온 것처럼 자라는 나무라서 '쑥대낭'이라고도 해요. 삼나무는 산을 푸르게 하거나 귤밭 가에 바람을 막기 위해 많이 심었어요. 감귤밭 가에 쑥대처럼 자란 삼나무가 늘어선 모습이 그림 같아요. 요즘에는 햇빛을 가린다고 베어낸 곳도 있죠.

붉은오름 입구 사려니숲은 아름다운 삼나무 숲으로 알려졌어요. 쭉쭉 뻗은 나무가 늠름한 청년을 보는 듯한데, 사람들이 산림욕을 즐기며 사진

삼나무_ 10월 7일

삼나무 수꽃 꽃차례_ 11월 20일

삼나무 암꽃_ 10월 15일

삼나무 열매_ 9월 26일

삼나무 겨울 모습_ 1월 13일

을 찍고, 좋은 기운을 받기도 해요. 비자림로, 서귀포치유의숲, 서귀포자연휴양림, 절물자연휴양림, 붉은오름자연휴양림 등 곳곳에 삼나무 숲이 있어요. 요즘 삼나무 숲은 산림욕, 산림 치유, 숲 태교, 산림 교육을 하는 현장이기도 하죠.

삼나무는 잎끝이 뾰족한 바늘잎이고, 비슷한 편백은 잎이 납작한 비늘

넓은잎삼나무_ 9월 15일

넓은잎삼나무 수꽃_ 4월 11일

넓은잎삼나무 암꽃_ 10월 9일

넓은잎삼나무 줄기_ 9월 15일

넓은잎삼나무 열매_ 9월 15일

삼나무와 넓은잎삼나무 잎_ 12월 13일

잎이에요. 삼나무 줄기는 붉은 갈색이고, 세로로 길게 갈라져요. 수꽃 꽃가루는 알레르기를 일으키기도 해요. 넓은잎삼나무는 잎이 넓고, 고향이 중국과 라오스, 베트남 등이에요.

삼나무 목재는 향이 좋아요. 손톱으로 누르면 자국이 날 정도로 무른데, 가구보다 서랍을 만들거나 공예 체험에 많이 써요. 삼나무는 좀을 막고, 새집증후군을 일으키는 포름알데히드를 제거한다고 해요. 삼나무로 술통을 만들면 나무 성분이 배서 술 향기가 좋대요.

측백나무 _향기 좋은 울타리

측백나무과

다른 이름 : 측백
꽃 빛깔 : 연자줏빛 띤 갈색
꽃 피는 때 : 4월
크기 : 25m

측백나무는 충청북도 이남인 단양, 대구, 안동, 울진 등의 석회암 절벽 지대에 자라요. 사는 곳이 좁고 험해, 가까이 가서 보기 쉽지 않아요. 하지만 전국의 학교나 공원, 관공서에 심고, 산울타리나 경계 나무로 심은 곳이 많아요. 산울타리는 산 나무를 촘촘히 심어 만든 울타리를 말해요.

대구 도동 측백나무 숲(천연기념물 1호)에는 학생들이 현장학습을 하러 자주 와요. 언젠가 대구 신명고등학교를 지나다 우연히 본 측백나무는 지금 생각해도 눈앞에 우뚝 서 있는 것 같아요. 측백나무치고 아주 큰 편이었거든요.

측백나무는 예부터 신선이 되는 나무로 귀하게 대접했고, 사당이나 무덤, 절 등에 심었어요. 무덤에 심는 이유는 측백나무 향이 강해서 시신에 생기는 염라충이라는 벌레를 쫓는다고 믿었기 때문이에요. 요즘도 무덤 둘레에 측백나무를 심은 데가 있어요.

측백나무는 25m까지 자라는 큰키나무예요. 잎이 납작하게 비늘처럼 포개져 있다고 측백나무 같은 잎을 비늘잎이라 하죠. 잎에서 싱그러운 냄새가 나고, 열매를 비벼도 좋은 향이 나요. 측백나무는 예부터 최고의 향 재료로 썼어요. 잎을 쪄서 말리기를 아홉 번 해서 차로 우려 마시거나, 가루를 내어 오래 먹으면 몸에서 나는 냄새를 없애고 좋은 냄새가 나고, 머리카락이 검어져 신선이 된대요. 측백나무 씨앗은 한방에서 백자인이라 하여

측백나무_ 3월 19일

측백나무 수꽃_ 4월 4일

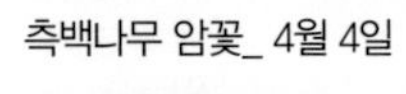

측백나무 암꽃_ 4월 4일

측백나무 줄기_ 8월 21일

측백나무 잎과 열매_ 8월 21일

자양 강장에 좋고, 고혈압과 중풍 예방 등에 약으로 써요.

측백나무 꽃은 4월에 암꽃과 수꽃이 한 나무에 피어요. 큰 가지가 옆으로 퍼지는 눈측백도 있어요. 측백나무는 개량한 원예종이 많아요. 피라미드형 서양측백, 잎끝이 노란 황금측백, 전체가 둥근 모양인 둥근측백 등이에요. 목재는 가벼워서 고급 가구재로 써요.

서울 가리봉동에 500살 넘은 측백나무가 있어요. 이 나무에는 마을 수호신인 큰 뱀이 살았대요. 그래서 주민들이 해마다 나무 앞에서 제를 지내고, 마을이 무사하기를 빌고 보호해요.

편백 _피톤치드가 나오는 나무

측백나무과

다른 이름 : 편백나무, 노송나무, 히노끼
꽃 빛깔 : 갈색
꽃 피는 때 : 4월
크기 : 40m

'편백나무'라고도 해요. 우리나라에서는 주로 남부 지방에 심어 가꿔요. 장성, 창원, 부산, 제주도 등에는 편백 숲이 곳곳에 있어요. 산을 푸르게 하려고 심었고, 자라서 울울창창한 숲이 됐죠.

편백 고향이 일본이에요. 쓰시마섬(對馬島)에 넓은 편백 숲이 있고, 일본에서는 '히노끼'라고 해요. 편백은 집 지을 때 마감재로 쓰고, 피톤치드가 많이 나오는 나무로 알려졌어요. 피톤치드는 '식물'을 뜻하는 phyton과 '죽임'이라는 뜻이 있는 cide를 합친 말이죠. 식물이 병원균, 해충, 곰팡이에 저항하려고 내뿜거나 분비하는 물질을 뭉뚱그려 피톤치드라 해요.

러시아 출신 미국 세균학자 셀먼 왁스먼(Selman Waksman)은 결핵균에 대한 항생물질을 발견해 1952년 노벨 생리 · 의학상을 받았어요. 그는 우리가 숲에서 공기가 상쾌하다고 느끼는 것은 피톤치드 덕분이고, 나무가 뿜는 피톤치드가 사람한테 좋다고 결론 내렸어요. 실제로 숲에서 피부와 숨으로 공기를 마시면 기분이 상쾌해져요. 피톤치드는 진정 작용을 하고, 자율신경을 안정시키는 효과가 있어요. 편백 숲에서 산림욕을 하는 사람이 많은 것도 이 때문이에요.

편백은 향과 나무질이 좋아 목재로 널리 써요. 편백으로 마무리한 집에 들어가면 향기가 그윽해요. 집에서 나는 다른 냄새도 잡아주고요. 구슬처럼 깎아서 베개 속에 넣고, 목침이나 찜질기, 침대 등 여러 가지 생활용품

편백 숲_ 12월 15일

편백 잎_ 10월 17일

편백 자라는 모습_ 12월 15일

편백 잎 뒷면 숨구멍_ 12월 16일

편백 익은 열매_ 12월 16일

편백 열매_ 12월 30일

편백 잎으로 만든 풀각시 치마_ 7월 20일

을 만들어요. 편백 향주머니는 옆에 두면 향기가 솔솔 나요. 향기가 덜하다 싶을 때 물을 뿌리면 다시 고유한 향이 나죠. 나무줄기뿐만 아니라 잎이나 열매에도 같은 성분이 있고, 같은 향기가 나요.

한번은 베개 속에 넣으려고 편백 열매를 주워서 찌는데, 온 집 안에 향이 가득 찼어요. 정말 좋아서 베개에 넣지 않고 몇 번이나 더 쪄서 냄새를 맡았어요. 편백에서 뽑아낸 향기 나는 기름 성분은 화장품이나 세제 등에 넣거나 약으로 써요.

편백은 얼핏 보면 삼나무와 비슷해요. 하지만 편백 잎은 편편하게 가로로 퍼진 비늘잎이에요. 잎 뒷면에 'Y 자' 모양 흰색 숨구멍이 있어요.

향나무 _향기 솔솔 향나무

측백나무과

다른 이름 : 노송나무
꽃 빛깔 : 갈색 띤 누런색
꽃 피는 때 : 4월
크기 : 5~20m

나무에서 좋은 향기가 나서 향나무예요. 예부터 향나무 향기는 신과 저승까지 전해진다고 믿어, 향으로 썼어요. 향불을 피울 때 나는 연기와 향이 사람과 신을 이어준다고 여겼죠. 향나무는 궁궐이나 절, 무덤 둘레에 널리 심었어요. 강원도 삼척과 영월, 경상북도 의성과 울릉도 등의 바위 지대에 자라요. 잎을 손으로 문지르면 좋은 냄새가 나요.

향나무는 세계에서 재배종이 100가지가 넘어요. 대개 조경수로 심거나, 목재와 가구재 등으로 쓰죠. 1930년쯤 미국에서 들여온 연필향나무는 연필 재료, 비누나 화장품 향료로 쓰고, 일본에서 들여온 가이즈카향나무는 학교나 관공서 등에 조경수로 많이 심었어요.

울릉도 바닷가 절벽에서 자라는 향나무를 보면 이런 생각이 들어요. '바위 틈새에 뿌리를 내리고, 저 바닷바람 부는 절벽에서 긴 세월 동안 자라다니 대단해.' 생명이 참 위대하다 싶어요. 다 까닭이 있겠죠. 향나무는 소나무처럼 햇빛을 좋아하니, 햇빛 하나는 정말 잘 받겠구나 싶어요.

향나무는 잎끝이 뾰족한 바늘잎과 편편하고 납작하고 부드러운 비늘잎이 같이 나요. 어린나무일수록 바늘잎이 많고, 어른이 될수록 비늘잎이 많아요. 어릴 때는 잘리거나 뜯어 먹히면 살기가 힘드니, 가시같이 뾰족한 잎으로 자신을 지키죠. 자라면 잎이 조금 뜯겨도 사는 데 무리가 없으니, 굳이 바늘잎을 많이 낼 필요가 없어요. 오래 산 나무라도 맹아에서 싹이 나

향나무, 절벽에서 자라는 모습_ 5월 6일

향나무 비늘잎과 바늘잎_ 8월 21일

가이즈카향나무 다듬은 모습_ 10월 17일

가이즈카향나무_ 8월 21일

눈향나무_ 10월 7일

면 바늘잎이 달릴 때가 많아요.

향나무는 예부터 향, 조각, 장신구, 점치는 도구, 염주 등을 만들었어요. 향나무는 안이 붉은빛 도는 보랏빛이라, 《조선왕조실록》에 자단(紫檀, 자줏빛 나는 향나무)으로 기록했어요. 고려 말에서 조선 초기에는 강과 바다가 만나는 해안에 향나무를 묻어두는 매향 기록이 있어요.

가이즈카향나무

가이즈카향나무는 일본에서 뾰족한 바늘잎이 덜 나게 개량한 향나무 품종이에요. 줄기가 나사처럼 비틀려 자란다고 '나사백' 혹은 '왜향나무'라고도 해요. 우리나라 학교나 관공서 등에 가이즈카향나무가 많아요. 가이즈카

연필향나무_ 9월 20일

향나무는 일제강점기에 많이 심어, 식민 지배를 받은 잔재라고 싫어하는 사람이 있어요. 가이즈카향나무 대신 다른 나무로 바꾼 학교나 지자체도 있어요.

눈향나무

누운 듯 자라는 향나무라고 눈향나무예요. '누운향나무' '참상나무'라고도 하죠. 우리나라 높은 산 바위틈에서 자라고, 원줄기가 비스듬히 서거나 땅 혹은 바위를 기면서 자라는 특징이 있어요. 학교나 공원, 관공서 등에 심고, 바위로 꾸민 정원이나 땅을 덮는 지피식물로 경사지에 심어 흙을 덮으면서 자라게 하기도 해요. 개량종이 여럿 있어요.

연필향나무

북아메리카가 고향이고, 키가 30m까지 쭉쭉 뻗어 자라요. 연필 만드는 재료로 쓴다고 연필향나무예요. 향나무로 만든 연필은 향기가 좋아요. 연필향나무에서 얻은 향기 나는 기름은 비누, 화장품 등에 넣어요.

비자나무 _나라에 진상하던 구충제

주목과
다른 이름 : 비자낭, 비조낭
꽃 빛깔 : 암꽃 녹색 또는 갈색 | 수꽃 노란빛 또는 갈색
꽃 피는 때 : 4월
크기 : 25m

잎이 아닐 비(非) 자를 닮고, 나무는 상자를 만들기 좋으며, 열매는 쓰임이 많아서 비자나무 비(榧), 씨앗 자(子)를 써요. 전라북도 내장산 이남에 자라고요. 여수 금오도에서 잘생긴 청년 비자나무를 만나 반가웠고, 장성 백양사에서 제법 큰 어른 나무를 보고 든든했어요. 제주 평대리 비자나무 숲(천연기념물 374호)에서 아름드리 비자나무를 만나고 다른 세계에 들어간 기분이었죠. 커다란 비자나무가 숲에 우뚝우뚝 서 있거든요. 영화 〈아바타〉에 나오는 '영혼의 나무'처럼 신비스런 기운이 느껴졌어요.

비자나무가 자라는 숲이라서 '비자림'이라고도 해요. 문화재청에 따르면 이곳에 300~600살 된 비자나무가 2600그루 가까이 있대요. 숲길을 따라 걷는데 나무마다 품이 얼마나 넓은지 '사람은 참 작은 생명이구나' 싶었어요. 이렇게 큰 비자나무가 무리 지어 자라는 숲은 세계적으로 드물다 하죠. 이 숲에서 가장 오래 산 비자나무는 900살쯤 되고, 그다음은 2000년에 '새천년비자나무'로 정한 800살 넘은 나무예요. 키는 14m쯤 되고, 네 사람이 손을 잡아야 겨우 안을 정도로 굵어요. 제주 해안초등학교 교목이 비자나무예요. 온평초등학교에도 비자나무가 있고요.

평대리 비자나무 숲에 비자나무가 베이지 않고 오랜 세월 그곳에 있는 것은 열매 덕이래요. 비자나무 열매 비자는 껍질을 벗기고 딱딱한 속껍질을 까서 구충제로 썼어요. 《동의보감》에 "비자 일곱 개씩 일주일을 먹으면

비자나무_ 9월 4일

비자나무 열매_ 9월 4일

비자나무 익은 열매_ 9월 10일

비자나무 잎_ 9월 4일

비자나무 줄기_ 9월 4일

개비자나무_ 2월 23일

개비자나무 겨울 모습_ 1월 19일

촌충이 녹는다"고 나와요. 고려와 조선 시대에 비자는 나라에 바치는 진상품이었어요. 나무를 땔감으로 베는 시기였지만, 비자를 거두려고 나무를 베지 못하게 관리해서 오늘에 이른다고 하죠.

제주 토박이들은 어릴 때 평대리 비자나무 숲에 와서 비자를 한 자루씩 주웠대요. 겉껍질을 벗기고 딱딱한 속껍질을 깨서 먹었다고 해요. 떫으면서도 고소한 비자를 술안주로 먹거나 씨로 기름을 짜서 먹기도 했고요.

꽃은 암수딴그루로 4월에 피고, 열매는 2년에 걸쳐 익어요. 평대리 비자나무 숲은 나무 노령화를 대비해 양묘장에서 후계 나무를 기르고 있어요. 비자나무는 워낙 느리게 자라서 100년쯤 지나야 지름이 20cm 정도 된대요. 대신 재질이 고와 건축재와 가구재, 관재로 쓰고, 비자나무 바둑판은 최고로 쳐요.

고려와 조선 시대에는 비자나무 목재 수탈이 심했고, 영조 때는 바쳐야 하는 비자나무 목재 때문에 제주도 백성이 힘들어해서 중지한 기록이 있어요. 흉년에도 많은 비자를 거둬 가자, 견디다 못한 백성이 비자나무 일부를 베어버리기도 했대요. 그나마 엄하게 관리해서 1000년을 이어왔고, 다시 1000년을 이어갈 비자나무 숲이 있어 감사해요.

개비자나무(개비자나무과)

숲속 그늘에서 자라는 개비자나무는 잎이 비자나무와 비슷해요. 하지만 비자나무는 주목과에 들고, 개비자나무는 개비자나무과에 들어요. 비자나무보다 키가 작아서 '좀비자나무'라고도 해요. 키가 3m, 지름이 5cm 정도로 자라죠. 비자나무는 키가 25m, 지름이 2m로 굵고 크게 자라요. 개비자나무 꽃은 4월에 피고, 열매는 이듬해에 익어요. 씨가 붉은빛을 띠고요. 비자는 연한 갈색을 띠죠.

주목 _여기 주목!

주목과

다른 이름 : 회솔나무
꽃 빛깔 : 암꽃 녹색 | 수꽃 갈색
꽃 피는 때 : 4월
크기 : 17~20m

줄기가 붉은 나무라고 붉을 주(朱), 나무 목(木)을 써서 주목이에요. 나무 줄기가 오래되면 껍질이 벗겨지고 붉어져요. 학교나 공원에 그리 크지 않은 주목이 많아요. 본디 높은 산에서 아름드리로 자라는 큰키나무죠. 주목은 1000년을 훌쩍 넘게 살 수 있고, 죽어도 잘 썩지 않고, 속이 비어도 몸통이 오랫동안 남아요. 붉은 줄기가 나쁜 기운을 쫓는다고 해서 집 뜰이나 무덤 둘레에 심기도 해요.

강원도 정선군 사북읍 두위봉에 있는 커다란 주목 세 그루는 천연기념물 433호예요. 위아래로 나란히 자라는 세 그루 중 가운데 있는 나무가 1400살이 넘었고, 우리나라에서 가장 오래된 주목이래요. 나머지 두 그루도 1000살이 훨씬 넘었다니 그 오랜 세월 베이지 않고 살아줘서 고맙고 존경스러워요. 주목은 설악산, 태백산, 오대산, 소백산, 덕유산, 한라산에서 자라는 우리 나무예요. 중국, 시베리아, 일본 등에도 있어요.

산에서 크게 자란 주목을 보면 가슴이 벅차요. 학교에서 어린 주목을 보면 학창 시절 "주목!" 하며 책상을 치던 선생님 생각이 나고요. 큰 나무 앞에서는 그저 감탄을 쏟아내죠.

주목은 '살아 천년 죽어 천년'이라는 말을 듣는 나무예요. 주목에 든 택솔(taxol)이라는 성분이 난소암, 유방암, 폐암 등에 효능이 있다고 알려지면서 주목을 받았어요. 청소년 소설 《몬스터 콜스》에 나오는 나무 '몬스터'

주목 겨울 모습_ 1월 30일

주목 잎과 열매_ 9월 8일

주목 열매_ 10월 15일

주목 붉은 줄기_ 6월 11일

죽어서도 오래가는 줄기_ 7월 11일

가 바로 주목이에요. 주인공 소년 코너는 몬스터와 터놓고 대화하면서 자신을 인정하고 아픈 마음을 치유하죠.

오래전에 학생들과 선생님이 주목 앞에서 열매를 상상하는 시간을 가졌어요. 그런데 주목 열매처럼 작고 빨갛게 익는 열매를 상상한 사람은 아무도 없었어요. 주목은 잎이 비슷한 다른 나무와 견주면 색다른 열매를 맺거든요. 빨갛게 익은 열매 가운데 씨앗이 삐죽 나온 모습이 특이해요. 열매는 약으로 쓰지만, 독이 있어서 함부로 먹으면 안 돼요.

상수리나무 _도토리가 달리는 나무

참나무과

다른 이름 : 참나무
꽃 빛깔 : 암꽃 노란 갈색 | 수꽃 노란빛 띤 연두색
꽃 피는 때 : 5월
크기 : 20~25m

도토리는 다람쥐나 청설모가 좋아해요. 경상남도 창녕초등학교와 함안고등학교에서 상수리나무를 보고 반가웠어요. 예쁘고 귀여운 도토리를 주워서 좋아할 친구도 있을 테니까요. 참나무 종류에 달리는 열매를 도토리라 해요. '도토리 키 재기'는 크기나 모양 등이 고만고만하다는 뜻이죠. 그래도 찬찬히 보면 다 달라요. 도토리는 경상도에서 꿀밤이라 하고, 상수리나무 도토리는 일부 지방에서 상수리라 해요.

참나무는 질이 좋고, 먹을 것도 주고, 배를 만들거나 집 기둥으로 쓰고, 숯을 만드는 등 '쓰임이 많은 진짜 나무'란 뜻으로 부르는 이름이죠. 참나무는 우리나라에서 소나무 다음으로 많아요. 우리가 흔히 참나무라고 하는 나무는 잎이 지는 참나무과 종류 여섯 가지를 말해요. 바람에 절로 꽃가루받이가 돼 갈졸참나무, 떡신갈나무 등 중간형 나무도 많아요.

상수리나무는 굶주림을 막아주는 구황식물이었어요. 왜 상수리나무라 할까요? 임진왜란 때 선조가 피란길에 올랐는데, 먹을 것이 모자라자 백성이 이 나무 열매로 만든 도토리묵을 쑤어 올렸어요. 묵을 맛나게 먹은 임금이 나무 이름을 물었고, 이름이 없다고 하자 '상수라나무'라는 이름을 내렸대요. 수라는 임금에게 올리는 밥을 높여 부르는 말이잖아요. 그 뒤 궁궐로 돌아온 임금이 입맛을 잃어 도토리묵을 올렸는데, 예전 맛이 안 난다고 "이름에서 점 하나를 떼어버려라" 해서 상수리나무가 됐대요.

상수리나무 가을 모습_ 11월 12일

상수리나무 잎_ 9월 29일

상수리나무 도토리_ 10월 9일

굴참나무 잎_ 5월 6일

굴참나무 도토리_ 10월 6일

갈참나무 잎_ 5월 6일

갈참나무 도토리_ 10월 13일

떡갈나무 잎_ 8월 24일

떡갈나무 도토리_ 10월 30일

신갈나무 잎_ 6월 19일

신갈나무 도토리_ 9월 22일

졸참나무 잎_ 8월 10일

졸참나무 도토리_ 10월 13일

상수리나무는 잎 뒷면이 윤기 나는 녹색이고, 줄기는 코르크층이 크게 발달하지 않아요. 비슷한 굴참나무는 잎 뒷면이 흰빛이 돌고, 나무껍질에 코르크층이 발달해서 두꺼운 점이 달라요. 코르크층은 코르크 마개를 만들고, 보온성이 좋아 지붕을 이는 재료로 써요. 굴피집은 굴참나무나 참나무 종류 나무껍질로 지붕을 이은 집이에요. 여섯 가지 참나무 가운데 상수리나무와 굴참나무 도토리는 2년에 걸쳐 익어요.

신갈나무는 나무꾼이 신던 짚신이 해지면 이 나무 잎을 신발에 깔아 신었다고 붙은 이름이에요. 신갈나무 잎은 떡갈나무랑 비슷한데, 잎 뒷면에 갈색 털이 없는 점이 달라요. 떡갈나무는 옛날에 잎으로 떡을 싸 먹었다고 떡갈나무라 해요. 잎 뒷면에 갈색 털이 빽빽해서 떡이 달라붙지 않고 향이

상수리나무 수꽃_ 4월 7일

상수리나무 도토리_ 10월 9일

굴참나무 단풍_ 11월 17일

나며, 살균 작용까지 한다니 안성맞춤이죠.

갈참나무는 나무껍질을 갈아입는 참나무라고 갈참나무예요. 껍질이 소궁둥이에 붙은 똥처럼 너덜너덜해요. 신갈나무나 떡갈나무처럼 잎이 크지만, 잎자루가 길어요. 졸참나무는 잎과 도토리가 작아서 졸병 참나무라고 졸참나무예요.

가시나무 _가시가 없는 가시나무

참나무과

다른 이름 : 정가시나무, 가시목, 가시낭, 이년목
꽃 빛깔 : 연녹색
꽃 피는 때 : 4~5월
크기 : 15~20m

참나무 종류는 크게 가을에 잎이 지는 참나무와 늘 푸른 가시나무로 나뉘어요. 가시나무 종류에는 가시나무, 개가시나무, 붉가시나무, 종가시나무, 참가시나무, 졸가시나무가 있고요. 여섯 형제 모두 도토리로 묵이나 수제비를 만들어 먹을 수 있어요.

가시나무는 가시가 있는 나무일까요? 이름에 가시가 들어가지만, 가시나무에는 가시가 없어요. 제주에서는 가시나무 종류에 달리는 도토리를 가시라 하고, 가시가 달리는 나무니 '가시낭'이라 하다가 가시나무가 됐대요. 겨울에도 잎이 푸르게 보이는 나무라서 '가시목(加時木)', 바람에 떨 때 소리가 나는 것 같아 '가서목(哥舒木)'이라 하다가 가시나무가 됐다고도 해요. 영어 이름은 밤부리프오크(Bamboo-leaf oak)예요. 대나무처럼 잎이 늘 푸른 참나무라는 뜻이죠. 꽃은 한 그루에 암꽃과 수꽃이 따로 피어요.

가시나무 종류는 전라남도 진도, 제주도 등에서 자라요. 제주도 여러 곶자왈에서는 겨울에도 짙푸른 가시나무 종류를 만날 수 있어요. 상수리나무나 떡갈나무 같은 참나무는 가을에 잎이 떨어지죠. 늘 푸른 가시나무 종류는 새잎이 나는 봄에 와르르 떨어져요. 그래서 가시나무 종류가 자라는 곳에 가면 봄에 떨어진 잎을 밟으며 걸을 수 있어요. 곶자왈도립공원, 화순곶자왈, 산양곶자왈 등에는 종가시나무가 많아요.

가시나무 종류는 나무 재질이 고르고 단단해서 예전에는 전투할 때 쓰

가시나무_ 10월 11일

는 병기를 만들었대요. 다듬잇방망이를 만들고, 땔감으로도 썼죠. 숲에 가면 뿌리에서 가지가 여러 개 나와 자라는 가시나무 형제들이 많아요. 목재나 땔감으로 쓰거나 숯을 만들려고 나무를 잘랐고, 잘린 자리에서 가지가 나와 자란 숲이기 때문이에요. 요즘은 나무를 땔감으로 잘 쓰지 않아서 푸른 숲을 이루죠.

가시나무는 열매가 2년에 걸쳐 익어서 '이년목'이라고도 해요. 도토리가 2년 만에 여무는 가시나무 종류는 붉가시나무, 참가시나무, 졸가시나무가 있어요.

가시나무 여섯 형제 가운데 진짜 가시나무는 잎 뒷면이 잿빛을 띤 녹색이고 털이 없고, 톱니가 안으로 향하듯 나요. 도토리깍정이는 6~8개 띠 모양 원이 있고, 열매는 10월에 익어요.

가시나무_ 9월 26일

가시나무 도토리_ 10월 27일

가시나무 잎_ 10월 10일

개가시나무

'돌가시나무'라고도 해요. 개가시나무는 환경부가 지정한 멸종 위기 야생식물 2급이에요. 키가 20m, 지름이 1m 정도로 자라는 큰키나무죠. 잔가지에 누런빛을 띤 갈색 털이 빽빽하고, 오래된 나무껍질이 흑갈색이고 불규칙하게 벗겨져요. 잎은 끝이 뾰족하고 윗부분에 날카로운 톱니가 있으며, 뒷면에는 누런빛을 띤 갈색 별 모양 털이 빽빽해요. 도토리 위쪽에도 털이 남아 있어요. 도토리깍정이는 누런 갈색 털이 빽빽하고, 6~7개 원이 있어요. 열매는 11월에 익어요.

개가시나무_ 12월 5일 개가시나무 도토리_ 12월 13일 개가시나무 잎_ 10월 11일

붉가시나무

목재 색깔이 붉어서 붉가시나무예요. '북가시나무'라고도 해요. 키가 20m 정도 자라고, 목재는 무겁고 잘 쪼개지지 않아서 오래가요. 가시나무 가운데 잎이 가장 커요. 잎끝이 길게 뾰족하고, 톱니가 없거나 거의 없어서 가장자리가 밋밋해요. 도토리깍정이에 5~6개 원이 있고, 만지면 벨벳처럼 부드러워요. 열매는 이듬해 10월에 익어요.

붉가시나무_ 10월 27일 붉가시나무 도토리_ 10월 15일 붉가시나무 잎_ 10월 15일

종가시나무

'석소리'라고도 해요. 제주도 곶자왈도립공원, 산양곶자왈 등에 많아요. 키가 15m 정도나 되고, 큰 나무 둘레에는 아기 나무가 깔려서 자라요. 종가시나무 잎에서 얻은 추출물은 육류 조리용 소스 개발로 특허출원 한 것이 있어요. 잎은 앞면이 반지르르 윤기가 나고, 대개 절반 윗부분에 톱니가 있어요. 뒷면은 회백색이고 누운 털이 있는데, 나중에 거의 없어져요. 도토리깍정이에 5~6개 원이 있고, 열매는 10월에 익어요.

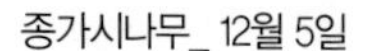

종가시나무_ 12월 5일 종가시나무 도토리_ 12월 13일 종가시나무 잎_ 12월 6일

참가시나무

'촘가시낭' '참가시낭' '정가시나무' '쇠가시나무'라고도 해요. 키가 10m 정도 자라고, 작은 가지는 털이 있다가 없어져요. 잎 뒷면에 납질이 있어 흰색이라 '백가시나무'라고도 해요. 마른 잎도 뒷면이 하얘요. 잎끝이 뾰족하고, 윗부분에 날카로운 톱니가 있어요. 도토리깍정이에 털이 난 원이 6~7개 있고, 아랫부분이 유난히 좁아요. 열매는 이듬해 10월 말에 익어요.

참가시나무_ 10월 10일 참가시나무 도토리_ 10월 21일 참가시나무 잎_ 10월 15일

졸가시나무

잎이 가장 작아서 졸병 가시나무라고 졸가시나무예요. 일본 서남부와 중국 남부가 고향이고, 우리나라는 주로 남부 지방에 심어 가꾸죠. 10m 정도로 자라요. 열매가 말 눈처럼 생겼다고 '말눈가시나무'라는 별명이 있어요. 도토리가 다른 가시나무 종류보다 깍정이에서 불거지듯이 생겨서 툭 튀어나올 것 같아요. 도토리깍정이는 비늘이 포개진 모양이고, 잔털이 있어요. 열매는 이듬해 10월에 익어요.

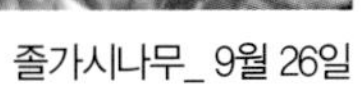

졸가시나무_ 9월 26일

졸가시나무 도토리_ 11월 30일

졸가시나무 잎_ 10월 11일

가시나무 종류 잎 견주기

밤나무 _알밤, 누가 주워 먹을까?

참나무과

다른 이름 : 밤
꽃 빛깔 : 암꽃 흰빛 | 수꽃 누런빛 띤 흰빛
꽃 피는 때 : 6월
크기 : 10~15m

어린 시절, 마을 산에는 밤나무가 많았어요. 밤이 익으면 먼저 주우려고 새벽부터 산으로 달려갔어요. 밤새 떨어진 알밤을 한 알 한 알 주울 때마다 손에 닿는 맛이 그렇게 좋았어요. 밤송이째 떨어진 건 발로 밟고 꼬챙이로 까서 밤을 꺼냈어요. 집에 오는 길에 생밤을 까서 오독오독 먹었죠. 주머니마다 밤이 불룩했어요.

경기도 수원에 있는 율현초등학교는 밤나무가 교목이에요. 학교 이름도 '밤나무 언덕에 세운 학교'라는 뜻이죠. 산에서 절로 자라는 밤나무는 강인한 특성이 있는데, 학생들이 강하고 건강하게 자라라는 뜻을 담아 교목으로 삼았대요. 2018년 식목일에는 교사와 학생, 학부모가 청렴한 생활을 약속하며 밤나무를 심기도 했어요. 제주 도순초등학교에도 밤나무가 있는데, 가을에 떨어지는 알밤을 누가 주워 먹을지 궁금해요.

밤나무는 아시아, 유럽, 북아메리카, 북아프리카 등 온대 지역에서 자라는 나무예요. 우리나라는 예부터 산에 그냥 두는 방식으로 밤나무가 자랐어요. 그러다 밤나무혹벌이 큰 피해를 주었고, 해충에 강한 일본 품종 밤나무를 들여왔어요. 그 뒤 우리 밤나무 가운데 해충에 강한 걸 개량해서 널리 퍼뜨렸고, 지금은 개량한 우리 밤나무와 일본 밤나무를 주로 재배해요. 중국 밤나무는 밤이 작고 단맛이 강하며 속껍질이 잘 벗겨지는데, 밤나무혹벌에 약해서 재배하기 어렵대요.

밤나무_ 9월 16일

밤나무 수꽃_ 6월 23일

밤나무 수꽃과 암꽃_ 7월 3일

밤송이_ 9월 16일

밤나무 잎_ 7월 3일

밤나무혹벌 벌레혹_ 4월 21일

밤나무는 암꽃과 수꽃이 한 나무에서 피어요. 꼬리 모양 수꽃이 길게 늘어지고, 암꽃은 아래쪽에 붙어서 달려요. 밤꽃이 피면 수꽃에서 살균 · 표백제인 락스 냄새와 비슷한 향기가 나요. 밤은 가을에 익고, 밤송이에 1~3톨이 들었어요. 밤은 제사 때 쓰기도 하는데, 집안에 삼정승이 나오길 바라는 마음을 담는대요. 밤은 싹이 나도 밤을 그대로 달고 있어서 자기가 나온 근본, 즉 조상을 잊지 않는다는 뜻으로도 풀이해요. 다산과 부귀를 상징해 결혼식 폐백 때 신부한테 던져주기도 하죠.

옛말에 '밤 세 톨만 먹으면 보약이 따로 없다'고 했어요. 밤은 탄수화물, 지방, 단백질, 비타민, 미네랄 등이 고루 든 영양 식품이에요. 비타민 C가 많아 알코올 산화를 도와주는 생밤은 술안주로 좋대요. 하지만 생밤을 많이 먹으면 속이 쓰리니 조심해야 해요.

구실잣밤나무 _잣만 한 밤

참나무과

다른 이름 : 구슬잣밤나무, 새불잣밤나무, 쇠불밤낭, 제밤낭, 조밥낭, 조베낭
꽃 빛깔 : 암꽃 연녹색 | 수꽃 연노란색
꽃 피는 때 : 6월
크기 : 15m

예전에 살던 아파트에 구실잣밤나무 길이 있었어요. 처음에 이런 생각을 했어요. '왜 멋없는 구실잣밤나무를 심었지? 계절 변화를 느낄 수 있는 나무가 더 좋을 텐데….' 나무가 제 맘을 알았을까요? 겨울이었는데 두꺼운 잎이 어느 때보다 뻣뻣해 보였어요.

몇 년 새 나무는 몰라보게 컸고, 가을이 되면 어김없이 열매를 떨어뜨렸어요. '무슨 맛이 날까? 도토리처럼 쓸까?' 열매를 깨서 먹어보니 생각보다 고소하고 맛있었어요. 잣 맛 같기도 하고, 밤 맛 같기도 한 게 어찌나 담백하고 고소한지 몇 개를 까먹었어요.

도토리를 닮은 구실잣밤나무 열매는 밤보다 작고 맛이 덜한데 먹을 수 있어서 구실자잡밤나무라 하다가 구실잣밤나무가 됐어요. 길쭉하고 작은 도토리를 구실자(球實子)라 하거든요.

구실잣밤나무는 화려한 꽃잎 대신 바람을 타서 꽃가루받이하려고 수꽃이 길고 풍성해요. 밤나무처럼 암꽃과 수꽃이 한 나무에서 피고, 꽃에서 비릿한 냄새가 나요. 꽃이 피면 지나가던 강아지도 킁킁거려요. 구실잣밤나무는 제주도, 거제도, 남해, 홍도 등 주로 남해안에서 자라요. 추위에 약해 중부지방 위쪽으로 심은 나무는 겨울을 나기 쉽지 않아요.

구실잣밤나무는 추운 겨울을 나려고 잎이 두껍고 반들반들하죠. 그걸 보고 처음에는 잎이 뻣뻣해 멋없는 나무라고 생각했으니, 제 머리를 콩콩

구실잣밤나무_ 8월 25일

구실잣밤나무 수꽃_ 5월 21일

구실잣밤나무 잎 뒷면_ 8월 25일

구실잣밤나무 열매_ 9월 29일

구실잣밤나무 떨어진 열매_ 12월 3일

구실잣밤나무 잎_ 8월 2일

쥐어박는다니까요. 후후, 지압이 돼서 지혜가 생기면 좋겠네요. 그런 사연 덕에 이젠 더없이 정겨운 나무예요. 잎은 앞면이 녹색이고 윤기가 나고 털이 없고, 뒷면은 연한 갈색인데 흰빛이 도는 것도 자주 보여요. 열매는 이듬해 가을에 익어요.

구실잣밤나무는 기후변화에 대응하는 나무로 연구하고 있어요. 제주도 남주고등학교 교목이 구실잣밤나무예요. 도순초등학교, 저청중학교, 제주과학고등학교 등에도 커다란 구실잣밤나무가 있어요. 이 멋진 나무가 지역에 잘 맞아서 보기만 해도 흐뭇해요.

참느릅나무 _끈적끈적 코나무

느릅나무과

다른 이름 : 좀참느릅나무, 코나무, 누룩낭, 찰밥나무
꽃 빛깔 : 누런빛 띤 갈색
꽃 피는 때 : 9월
크기 : 10~15m

느릅나무는 '늘어지다'에 어원을 둔 느름나무에서 느릅나무가 됐대요. 속껍질을 벗기거나 잎을 씹으면 콧물처럼 끈적끈적한 진이 나와서 '코나무'라고도 해요. 느릅나무 종류를 제주에서는 '누룩낭', 전라도에서는 '찰밥나무'라고 하죠.

봄 산에서 야리야리한 새잎이 올라오는 걸 보고 있었어요. 나무마다 아기 손처럼 예쁜 잎이 나와서, 보기만 해도 보약을 먹는 기분이었죠. 그러다 싹둑 잘린 나무 밑동에서 싹이 아주 많이 난 걸 봤어요.

"어머나, 아팠겠다. 살려고 움 돋은 것 좀 봐."

참느릅나무였어요. 맹아가 발달한 나무는 잘리면 빠르게 싹을 내고 가지를 뻗어 살려는 본성이 있죠. 자연의 이치지만, 이 많은 가지를 한꺼번에 내는 게 놀라웠어요. 느릅나무 뿌리껍질(유근피)을 사서 우려 마신 일이 있어요. 물에 유근피 조각을 넣고 끓이다가 건지면 우무처럼 물컹한 진이 나와요. 잘린 가지에서 싹을 수두룩이 낸 참느릅나무를 보니 왠지 세포를 재생하는 성분이 많지 않을까, 믿음이 생기지 뭐예요. 사람들이 웬만큼 껍질을 벗긴 참느릅나무도 다시 새 껍질을 만들며 자라는 걸 자주 봤으니까요. 조금 남은 땅속뿌리가 싹을 내며 자라기도 하고요.

잘린 줄기에서 싹이 나 가지가 된 걸 도장지라고 해요. 숨은눈으로 있다가 나무가 위험을 느끼면 싹이 터서 자라는 가지죠. 이때 나온 가지는 여

참느릅나무_ 11월 10일

참느릅나무 도장지_ 4월 9일

러 개고, 빨리 자라는 성질이 있어요. 숲은 그렇게 유지되는데, 과일나무에 이런 가지가 나면 잘라버려요. 열매가 달리지 않고 웃자라거든요.

아까시나무, 참나무 종류, 때죽나무, 가시나무 종류가 도장지를 유난히 많이 내요. 예전에는 땔감으로 나무를 베었어요. 방을 데우거나 밥을 해 먹어야 하니까요. 연탄, 풍로, 보일러, 가스레인지가 나오면서 나무를 덜 베었죠. 그때부터 도장지가 자라 숲이 울창해진 곳이 많아요.

참느릅나무에 '참'이 붙은 건 '우리 삶과 가깝고 쓰임이 많은 나무'라는 뜻이에요. 오래되면 나무껍질이 벗겨져 얼룩무늬가 생겨요.

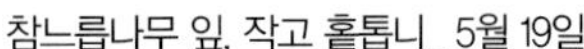

참느릅나무 잎, 작고 홑톱니_ 5월 19일

참느릅나무 줄기_ 9월 8일

느릅나무 잎, 크고 겹톱니_ 4월 18일

느릅나무 줄기_ 11월 7일

느릅나무

참느릅나무보다 잎이 크고, 거무튀튀한 갈색 나무껍질이 세로로 갈라져요. 《삼국사기》에 평강공주가 바보온달을 찾아갔을 때, 온달 어머니가 "(아들이) 느릅나무 껍질을 벗기려고 산속으로 가서 돌아오지 않았다"고 해요. 어릴 때 아버지는 송아지 코뚜레를 꿸 때 느릅나무 가지를 꺾어 썼어요. 느릅나무 가지는 휘면서 잘 부러지지 않고, 상처 난 곳에 염증이 생기지 않게 하는 성질이 있대요. 그걸 어찌 알고 생활에 쓴 옛 어른들 지혜가 놀라워요. 아버지도 어른들한테 배웠겠죠.

느티나무 _잎에 혹이 달리는 나무

느릅나무과

다른 이름 : 긴잎느티나무
꽃 빛깔 : 암꽃 연녹색 | 수꽃 노란색 띤 녹색
꽃 피는 때 : 4월~5월 초
크기 : 26m

"학교 느티나무 이파리에 열매가 달렸어요. 신기해요." 아는 선생님한테서 전화가 왔어요. 그 학교 교목도, 학교가 있는 경상남도를 상징하는 도목도 느티나무죠.

느티나무 잎에 볼록하게 달린 건 외줄면충이라는 진딧물 집이에요. 혹처럼 생겨서 벌레혹이라고 하죠. 벌레혹은 작은 곤충이나 진딧물 등이 알을 낳거나 기생해 식물의 특정 부위 조직이 비정상적으로 자란 것을 말해요. 벌레 충(蟲), 혹 영(癭)을 써서 충영이라고도 하죠. 녹색일 때 갈라보면 진딧물이 있고, 어른이 되어 빠져나가면 갈색이 되고 딱딱해요.

늦가을 공원에서 멧비둘기가 느티나무 씨앗을 부지런히 주워 먹는 걸 본 일이 있어요. 모래 알갱이만 한 씨앗이 모래와 섞여 있는데 잘도 골라 먹었어요. 단풍 고운 어느 날엔 느티나무 씨앗 떨어지는 소리를 들었어요. 귀를 쫑긋 세우면 씨 떨어지는 소리가 들릴 듯 말 듯해요. 모자 쓴 머리에 톡톡 빗방울 듣는 것처럼 느티나무 씨 떨어지는 소리가 났어요.

씨를 단 가지에 있는 잎은 보통 이파리보다 훨씬 작아요. 잎겨드랑이에 붙은 씨랑 양분을 나누며 컸을 테니 마땅한 결과죠. 자연의 이치가 어쩌면 이리 신비한지….

우리나라 정자나무로 가장 많은 게 느티나무래요. 주목이나 은행나무처럼 오래 사는 느티나무는 1000년을 살고, 모습도 멋지고, 최고급 목재로

느티나무 가을 모습_ 10월 23일

느티나무 수꽃_ 4월 14일

느티나무 암꽃_ 4월 14일

느티나무에 생긴 외줄면충 진딧물 벌레혹_ 4월 30일

느티나무 큰 잎과 작은 잎, 씨_ 10월 23일

써서 2000년 산림청에서 '밀레니엄 나무'로 정했어요. 큰 느티나무 아래 아기 느티나무가 여럿 자랄 때가 많아요. 어린나무도 엄마 나무처럼 지그재그로 잎이 고르게 났어요. 햇빛을 골고루 받으려는 나무의 뜻이죠. 큰 느티나무도 한때는 모래만 한 씨고, 아기 나무였어요.

느티나무가 1000년을 사는 비밀은 꽃이 보일 듯 말 듯 피어 작은 씨를 남기는 대신, 줄기를 튼튼히 키우는 거예요. 하르르 눈에 띄는 꽃을 한꺼번에 피우고 열매를 많이 매다는 벚나무는 100년을 살기도 힘들죠. 느티나무가 1000년을 사는 비밀은 눈곱만한 씨에 있어요.

푸조나무 가을 모습_ 10월 30일

푸조나무 열매_ 6월 16일

푸조나무 잎과 씨_ 11월 29일

푸조나무 줄기_ 11월 11일

푸조나무

얼핏 보면 느티나무랑 많이 닮았어요. 찬찬히 보면 잎과 줄기, 열매가 달라요. 잎 가장자리에 날카로운 톱니가 있고, 표면이 매우 거칠고, 뒷면에 짧게 누운 털이 있어요. 바람을 잘 견디고 병충해가 별로 없는 나무예요. 오염된 공기에 약해, 도심에서는 잘 자라지 않아요. 익은 열매는 과육을 먹을 수 있지만, 씨앗이 단단해서 조심해야 해요. 느티나무나 팽나무처럼 오래 살고 크게 자라요.

팽나무 _팽~ 하고 날아가요

느릅나무과

다른 이름 : 둥근팽나무, 박수, 박수나무, 팽목, 평나무, 포구나무, 폭나무, 폭낭
꽃 빛깔 : 암꽃 흰빛 | 수꽃 연둣빛
꽃 피는 때 : 5월
크기 : 20m

한자 이름 '팽목'에서 팽나무가 됐대요. 열매를 대나무 종류인 이대로 만든 팽총에 넣고 쏘면 팽~ 하고 날아가서 팽나무가 됐다고도 해요. 폭 하고 날아간다고 '폭나무'라고도 하죠. 열매가 먹을 건 별로 없지만 들큼해요. 시골에는 큰 정자나무가 있는 마을이 많아요. 팽나무 정자나무는 크고 잎이 무성해 넓은 그늘을 만들어요. 오가는 사람들이 앉아 쉬고, 마을 아이들한테 그늘 놀이터로 더없이 좋아요.

우리나라 정자나무는 느티나무, 은행나무가 많아요. 팽나무도 정자나무나 당산나무가 많고요. 당산나무는 마을을 지켜주는 신령이 사는 나무라고 제를 지내기도 하죠. 팽나무는 '박수' '박수나무'라고도 하는데, 박수는 점을 치는 신령스런 나무를 뜻해요. 남자 무당을 박수라 하는데, 박수나무 아래서 굿을 한다는 뜻이 있어요. 팽나무는 예부터 우리 겨레한테 신목으로 대접받았죠.

서귀포시 안덕면 대정향교(제주유형문화재 4호)에는 큰 소나무와 팽나무가 있어요. 향교 훈장 강사공 어른이 삼강오륜을 상징하는 뜻으로 소나무 세 그루와 팽나무 다섯 그루를 심었대요. 그 가운데 판근이 발달한 팽나무가 눈에 띄어요. 판근은 나무가 바람 따위에 넘어지지 않으려고 땅 위에 '판 모양으로 낸 뿌리'를 말해요. 바람이 많은 남쪽 지역 나무에서 판근이 자주 보이는데, 줄기와 뿌리가 맞닿은 부분에 만들어져요. 판근을 어루

팽나무_ 11월 13일

팽나무 암꽃과 수꽃(아래쪽)_ 4월 5일

팽나무 열매_ 11월 4일

팽나무 단풍 든 모습_ 11월 22일

팽나무 겨울 모습_ 3월 22일

팽나무 잎_ 5월 15일

팽나무에 생긴 판근_ 7월 17일

만지다 이런 생각이 들었어요. '나무 어르신, 참 애쓰셨어요. 아프지 말고 오래오래 사세요.'

경상북도 예천군 용궁면 금남리 금원마을에는 세금을 내는 팽나무가 있어요. 논 가운데 있고 우리나라에서 가장 넓은 땅을 소유한 나무로, 천연기념물 400호예요. 마을 사람들이 풍년제를 지내려고 쌀을 모아 공동재산을 마련하면서 훗날 다툼을 피하려고 나무 앞으로 땅을 등기했어요. 땅 주인인 나무 이름이 황목근이에요. 성은 팽나무 꽃이 누렇게 피어서 황(黃), 이름은 근본 있는 나무라고 목근(木根)으로 지었어요. 대를 이을 후계 팽나무 '황만수'가 옆에 자라고 있어요.

부산 북구 구포동에는 '팽나무로'라는 도로가 있어요. 나이 500살로 추정하는 팽나무가 있는 부산 구포동 당숲(천연기념물 309호)에 가는 길 이름이죠. 팽나무는 예부터 오늘까지 우리 겨레하고 떼려야 뗄 수 없는 나무예요.

뽕나무 _누에가 좋아하는 나무

뽕나무과

다른 이름 : 오디나무, 오듸나무
꽃 빛깔 : 노란 연둣빛
꽃 피는 때 : 5월
크기 : 3~12m

어릴 때부터 뽕나무는 잘 알았어요. 집에서 누에를 쳤는데 누에가 끝없이 먹어대던 그 나무를 어찌 모르겠어요. 뽕나무는 보기만 해도 겁이 났어요. 뽕밭에서 김을 매고, 뽕잎을 따고, 누에 밥으로 뽕잎을 주고, 누에똥을 치우고…. 부모님을 거드는 일이었지만 뽕, 뽕, 뽕나무 때문에 새벽잠까지 설친 어린 일꾼은 뽕나무가 참말로 미웠어요.

뽕나무는 고향이 온대와 아열대 지역이고, 종류는 30가지가 넘어요. 우리나라 산기슭에서 자라는 나무는 산뽕나무, 돌뽕나무 들이 있어요. 집 둘레나 마당 가에 있는 뽕나무는 누에 밥을 주기 위해 심은 재배종으로, 산뽕나무보다 잎이 부드럽고 넓었어요.

뽕나무 꽃은 암수딴그루로 5월에 피고, 열매는 빨갛게 익어가다 6월이 되면 까맣게 익어요. 열매를 오디 혹은 오들개, 한자로 상심이라 해요. 뽕나무는 오디가 달리는 나무라고 '오디나무' '오듸나무'라고도 하죠.

까맣게 익은 오디는 생으로 먹고, 술도 담가요. 잼이나 청을 만들기도 하고요. 오디는 약재로 쓰는데 흰머리를 검게 하고, 정력 보강에 좋고, 정신을 맑게 한대요. 잎은 상엽, 뿌리와 줄기를 벗긴 껍질은 상백피라 하고 모두 약으로 써요. 줄기는 예전에 활을 만들었고요.

뽕잎은 누에가 먹으면 기적처럼 명주가 되는 잎이에요. 누에가 고치를 만들고, 여기서 뽑은 실로 만든 천이 명주(비단)거든요. 조선 시대에 농상

뽕나무 단풍 든 모습_ 10월 29일

뽕나무 잎_ 5월 9일

뽕나무 열매_ 5월 24일

산뽕나무 잎_ 5월 16일

산뽕나무 수꽃_ 6월 6일

산뽕나무 암꽃_ 6월 6일

산뽕나무 열매_ 6월 8일

산뽕나무 열매, 암술대가 남는다._ 6월 16일

이라는 말이 있었어요. 농사와 뽕나무를 합친 말인데, 농사지으면서 뽕나무를 키워 누에를 치는 일이죠. 나라에서는 궁궐 후원에 뽕나무를 심어 가꾸며 백성한테 누에를 기르게 했어요. 태종이 창덕궁 후원에 뽕나무를 심어 가꾸게 하고, 왕비는 후원에서 누에를 치고, 양잠의 신한테 제를 올리는 친잠례를 지낸 기록이 있어요. 중전과 세자빈이 직접 행사를 진행했다니, 누에 치는 일이 그만큼 중요했나 봐요. 명주는 고급 옷감이어서 왕실의 살림 밑천이었대요. 누에가 뽕잎을 먹고 단백질 덩어리인 명주를 만드는 건 뽕잎에 단백질이 많기 때문이죠.

오디에는 항산화 · 항염 · 항암 효과가 있고, 피부 탄력을 높이는 물질이 들었어요. 뽕나무를 알면 질병이 없다는 말이 있을 정도로 쓰임이 많아요. 상전벽해라고 뽕밭이 푸른 바다가 되듯이 세상이 엄청나게 변했지만, 농부의 자식으로서 한 그 많은 일은 살아가는 데 큰 힘이 돼요.

산뽕나무

산뽕나무는 우리나라 산에서 자라는 뽕나무 종류예요. 밭에서 해마다 자르는 뽕나무를 보다가 산에서 커다란 산뽕나무를 만나면 눈이 휘둥그레져요. 산뽕나무는 15m까지 자라는 큰키나무예요. 누에 칠 때 뽕잎이 모자라면 산뽕나무 잎을 따서 주기도 해요. 산뽕나무는 뽕나무보다 잎끝이 뾰족하고, 열매에 암술대가 길게 남아 있고, 열매가 뽕나무보다 작아요. 산뽕나무 잎은 나물로 먹고, 차도 만들어요.

무화과나무 _꽃이 숨었어요

뽕나무과

다른 이름 : 무화과, 은화과
꽃 빛깔 : 연붉은색
꽃 피는 때 : 5~6월
크기 : 2~6m

꽃이 없는 과일이라고 없을 무(無), 꽃 화(花), 과일 과(果)를 써서 무화과나무예요. 꽃이 없는 건 아니고, 눈에 잘 보이지 않아요. 열매로 보이는 꽃주머니(화낭) 안에 작은 꽃들이 숨어 있거든요. 꽃주머니에 작은 구멍이 있고, 무화과좀벌이 드나들며 꽃가루받이를 해줘요. 꽃가루받이를 끝낸 꽃주머니는 점점 부풀어서 우리가 먹는 무화과가 되고요. 꽃가루받이한 꽃주머니는 익으면 터질 듯 부풀고 색이 달라져요. 무화과나무처럼 꽃이 보이지 않고 숨어 있는 꽃차례를 은두꽃차례, 열매를 은화과라 해요.

무화과나무는 암수딴그루로 5~6월에 꽃이 피어요. 우리나라 남부 지방에 재배하는 품종은 암꽃이 피는 암나무만 심어서, 열매 속에 무화과좀벌이 들었을까 걱정하지 않아도 된대요. 그럼 수꽃도 없는데 꽃가루받이를 어떻게 하고, 열매는 어떻게 맺을까요? 재배하는 무화과나무는 수꽃 꽃가루가 없어도 혼자 수정을 할 수 있는 암나무 품종이에요. 이걸 보면 '농업이야말로 가장 쓰임 있고 고마운 자연과학이다' 싶어요.

무화과나무는 지중해 연안과 서아시아 지역이 고향이에요. 우리나라에는 중국을 거쳐 들어왔을 거라 짐작해요. 주로 충청남도 아래 따뜻한 지역에 심죠. 집 뜰이나 학교, 공원, 관공서에 한두 그루씩 심고, 무화과를 재배하는 농가도 있어요. 중국에서는 열매 모양이 만두를 닮았다고 '목만두', 복숭아를 닮았다고 '선도'라고도 해요.

무화과나무_ 8월 20일

무화과나무 열매, 무화과_ 8월 20일

무화과나무 열매_ 8월 20일

조선 후기에 서유구가 펴낸 농업 백과 《임원경제지》에 무화과나무의 좋은 점이 나와요.

1. 열매가 달고 많이 먹어도 사람이 상하지 않으며, 노인이나 어린이 모두 먹을 수 있다.
2. 말려서 먹을 수 있다.
3. 6월부터 서리 내릴 때까지 먹을 수 있다.
4. 심은 뒤 1년 만에 열매가 열린다.
5. 잎을 약으로 쓴다.
6. 서리 내린 뒤에도 익지 않은 열매는 절여 먹을 수 있다.
7. 구황식물로 좋다.

무화과는 단백질 분해 효소가 많아서, 고기 먹은 뒤나 변비가 심할 때 먹으면 좋대요. 한방에서는 말려서 약으로 써요. 무화과 꼭지에서 나오는 하얀 진액이 입가에 닿으면 피부 알레르기를 일으키기도 하니, 주의해야 해요. 잎에서도 진액이 나와요.

천선과나무

하늘에 사는 신선과 선녀가 먹는 과일이라고 천선과(天仙果)예요. 작은 열매가 무화과처럼 달아요. 열매가 아기한테 젖을 먹이는 엄마 젖꼭지를 닮아서 '젖꼭지나무'라고도 해요. 열매에 상처를 내면 흰 진액이 나오죠. 약이 모자라던 시절에 이 진액을 상처에 바르기도 했대요. 꽃은 무화과나무처럼 숨어서 피고, 제주도와 남부 지방에서 자라요. 제주 고산초등학교에도 천선과나무가 있어요.

천선과나무는 암수딴그루로 5~6월에 피고, 꽃가루받이는 천선과나무 좀벌이 해줘요. 암나무에 달리는 열매는 먹을 수 있고, 수나무에 달리는 열매는 열매자루가 더 길고 먹지 않아요. 창원 다호리 고분군(사적 327호)에서 천선과로 추정하는 씨앗이 나왔어요.

천선과나무 잎_ 9월 23일

천선과나무 암나무 열매_ 8월 29일

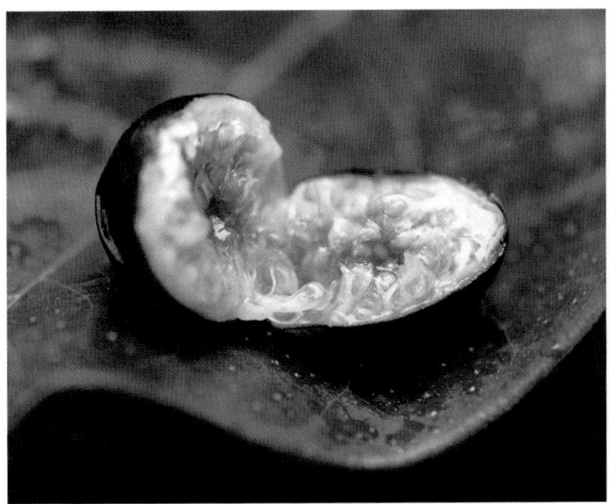

천선과나무 익은 열매_ 8월 28일

천선과나무 수나무 꽃주머니_ 11월 20일

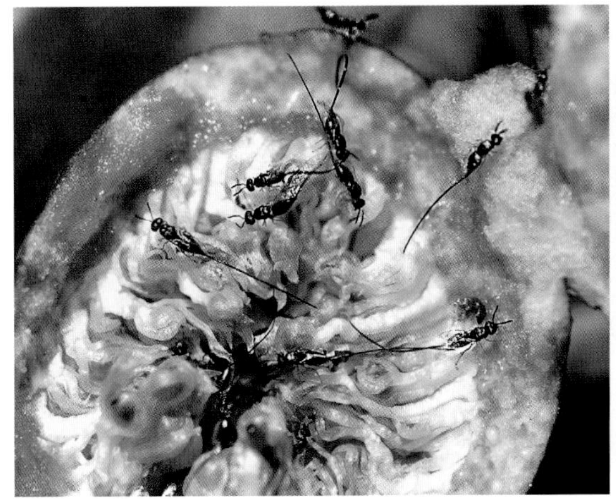

천선과나무좀벌_ 6월 16일

천선과 흰 진액_ 8월 26일

백합나무 _나무에 피는 튤립

목련과

다른 이름 : 목백합, 튤립나무
꽃 빛깔 : 노란색 띤 녹색
꽃 피는 때 : 5~6월
크기 : 30m

꽃 모양과 크기가 튤립을 닮아 '튤립나무'라고도 해요. 백악기부터 지구에 있던 화석 나무로 알려져 있어요. 백합나무는 꽃잎 안쪽에 오렌지 빛깔 불꽃무늬가 뚜렷해요. 오래전에 광주대구고속도로(옛 88올림픽고속도로)를 지난 일이 있어요. 그때는 좁고 조용해서 여유롭게 풍경을 보며 가는데, 백합나무 가로수를 보고 탄성을 질렀어요. 어찌어찌 차를 세우고 나무 곁에 섰을 때는 그야말로 흥분하고 말았죠.

"우아, 꽃이 한창이야. 백합나무 가로수가 이렇게 멋지다니! 고속도로에서 이런 꽃을 만난 건 행운이야. 이 길을 내 가로수 길로 정해야지."

우리나라는 식물 이름을 통일하고 있어요. 백합나무만 해도 어떤 사람은 백합나무, 어떤 사람은 튤립나무라고 하잖아요. 이럴 때 '국가표준식물목록' 사이트에서 확인하면 돼요. 여기에 나오는 이름이 통일한 식물 이름이고, 이걸 표준으로 삼아요.

백합나무에서 백합은 참나리, 중나리처럼 뿌리줄기가 여러 겹으로 포개져 자라는 종류를 말해요. 백합나무는 나리 종류의 뿌리줄기가 포개진 것처럼 꽃이 피어서 이런 이름이 붙었어요. 이 나무는 꽃도 아름답지만 노란 단풍도 고와요. 영어 이름은 옐로포플러(yellow poplar)예요. 목재가 노르스름하고, 포플러처럼 빨리 자라기 때문이래요.

백합나무랑 버즘나무가 헷갈린다는 사람이 많아요. 백합나무는 잎끝이

백합나무 단풍 든 모습_ 10월 30일

백합나무 꽃_ 6월 6일

백합나무 단풍 든 잎_ 11월 8일

백합나무 열매_ 12월 8일

백합나무 줄기_ 10월 2일

가위로 자른 듯 깔끔하고, 버즘나무는 잎끝이 뾰족하고 가장자리에 톱니가 있어요. 백합나무 줄기는 잿빛이고 세로로 길게 갈라지는데, 버즘나무는 껍질이 벗겨져 얼룩무늬가 생기는 점도 다르죠.

백합나무 고향은 북아메리카 동남부 지역이고, 우리나라에는 1925년쯤 들여왔대요. 공해에 강하고 병충해가 거의 없는 나무라 그런지 볼 때마다 깔끔해요. 목재는 가구, 목공품, 합판 등으로 써요. 인디언은 통나무배를 만들던 나무라고 '카누우드'라고 해요. 산림청에서 세계의 나무 400여 종을 우리 땅에 심고 연구한 결과, 잘 살고 쓰임도 많은 백합나무를 경제성이 있는 나무로 뽑았대요.

목련 _나무에 연꽃이 피나요?

목련과
다른 이름 : 신이
꽃 빛깔 : 흰색
꽃 피는 때 : 3~4월
크기 : 10m

목련은 나무에 피는 연꽃 같아서 나무 목(木), 연꽃 연(蓮)을 써요. 흔히 백목련을 목련으로 알고 있는 사람이 많아요. 교목이나 교화가 목련인 학교도 많고요. 탐스럽고 환한 꽃처럼 큰 꿈을 가지라는 뜻일까요? 교화나 교목이 목련인 학교에 백목련이 있는 경우가 더 많아요.

목련은 우리나라에서 주로 심어 가꾸는데, 제주도 숲속에는 절로 자라고 있어요. 목련이 숲에서 다른 나무나 덩굴나무와 같이 자라는 모습은 신선한 충격이었어요. 한라산과 교래자연휴양림에서 목련을 보고 첫눈에 반해서 한참 그 곁을 떠나지 못했다니까요.

한번은 직박구리가 갓 피려는 백목련 꽃잎을 쪼아 먹는 걸 봤어요. "새가 꽃잎을 다 먹네!" 새도 봄이 오길 기다렸나 봐요. 그 뒤 꽃을 볼 때면 어떤 손님이 오나 더 눈여겨봤어요. 동박새는 동백나무, 매실나무, 살구나무에서 꽃꿀을 먹고, 직박구리는 목련, 백목련, 개나리 꽃잎을 쪼아 먹더라고요. 까마귀는 백목련 열매를 부리로 따서 발에 끼우고 까먹었어요.

목련이랑 백목련 꽃봉오리는 신이라 해서 약으로 써요. 중국 명나라 때 코가 막히고 콧물이 흐르는 사람이 있었어요. 이 사람이 약을 찾아 헤매다가 신해년에 어느 작은 마을에서 얻은 꽃봉오리를 약으로 썼더니 콧병이 나았어요. 그래서 이 꽃봉오리를 신해년의 신(辛), 소수민족을 일컫는 오랑캐 이(夷)를 합쳐서 신이라고 했대요. 《동의보감》에 신이는 주근깨를 없

백목련_ 3월 18일

백목련 꽃눈_ 3월 1일

백목련 꽃을 먹는 직박구리_ 3월 21일

백목련 열매_ 10월 5일

목련 열매_ 10월 7일

애고, 코가 막히거나 콧물이 흐르는 것을 낫게 하고, 얼굴이 부은 걸 가라앉히고, 치통을 멎게 하고, 눈을 밝게 하는 데 효능이 있다고 나와요.

아름다운 목련도 때가 되면 꽃이 져요. 한번은 동무들과 지나가는데 눈앞에서 자주목련 꽃잎이 툭툭 떨어지더라고요. 아까워서 손톱으로 무늬를 내어 꽃잎 그림을 그렸어요. 가을에 떨어진 잎으로는 동물을 만들었고요. 귀가 될 부분을 오려서 잎에 구멍을 내고 잎자루를 끼워요. 거기에 눈만 그리면 동물이 툭 튀어나와요. 놀다가 그대로 둬도 쓰레기가 생기지 않는 최고의 자연 놀이죠. 열매는 익어 벌어지면 씨방 곳곳에서 씨가 나오는 골돌이에요. 빨간 씨는 하얀 실에 매달려 새를 유혹해요.

목련 열매를 문 까마귀_ 10월 7일

자주목련 꽃잎 그림_ 4월 14일

백목련 잎 동물 농장_ 11월 10일

백목련

꽃이 옥빛이어서 '옥란', 흰 꽃이 가지 가득 피어서 '흰가지꽃나무', 꽃눈이 붓을 닮아서 '목필', 꽃봉오리가 필 때 북쪽을 향한다고 '북향화'라고도 해요. 꽃봉오리는 신이라 해서 약으로 쓰고, 꽃차를 만들기도 해요. 고향이 중국이고, 키가 15m 정도로 자라요. 백목련은 꽃잎처럼 보이는 화피편이 아홉 장이고, 잎보다 꽃이 먼저 피죠. 목련은 꽃잎 모양 화피편이 아홉 장이지만, 바깥쪽 화피편 세 장이 선 모양이고 작아서 꽃잎 여섯 장처럼 보여요. 백목련은 우윳빛 닮은 흰 꽃이 오므린 듯 피고, 목련은 새하얀 꽃이 활짝 피고, 꽃 아래 잎이 붙어 나오는 점이 달라요.

목련_ 3월 27일

백목련_ 3월 28일

자주목련, 꽃 안쪽이 희다._ 3월 28일

자목련, 꽃 안쪽이 연한 자줏빛이다._ 4월 11일

자주목련

고향이 중국이에요. 조경용으로 심고, 가지가 많이 갈라지며, 키가 15m 정도 돼요. 꽃잎처럼 보이는 화피편 겉이 자줏빛이고 안은 흰빛이에요. 화피편 아홉 장 모두 꽃잎 모양이라 꽃잎 아홉 장으로 보여요.

자목련

고향이 중국이에요. 조경용으로 심고, 뿌리 가까이에서 가지가 많이 갈라져요. 4~5월에 진한 자주색 꽃이 잎보다 먼저 피어요. 화피편 겉은 자줏

일본목련_ 5월 18일

빛, 안은 연한 자줏빛이에요. 암술도 자줏빛이고요. 화피편이 아홉 장인데 바깥쪽 세 장이 피침형이라 꽃잎 여섯 장처럼 보여요.

일본목련

고향이 일본이에요. 목련 종류 가운데 잎이 가장 커서 길이가 20~40cm, 너비가 13~25cm나 돼요. 떡갈나무 잎을 닮아서 '떡갈후박'이라고도 해요. 잎 가장자리가 밋밋하고, 흰빛이 도는 뒷면에는 잔털이 있어요. 5월에 가지 끝에 지름 15cm 정도 되고 향기가 진한 꽃이 피어요. 화피편이 9~12장이고 바깥쪽 세 장은 짧아요.

태산목 _태산 같은 나무

목련과
다른 이름 : 양옥란
꽃 빛깔 : 흰색
꽃 피는 때 : 5~6월
크기 : 20m

높고 큰 산을 태산이라 하듯이, 꽃이 큰 나무라서 태산목이에요. 태산목 종명 그랜디플로라(*grandiflora*)도 '큰 꽃'이라는 뜻이죠. 태산목은 꽃송이가 크고, 마치 하얀 꽃 사발을 올려놓은 듯 피어요. 백목련은 '옥란', 태산목은 '양옥란'이라고도 해요. 북아메리카가 고향이고, 우리나라는 주로 중부 이남 학교나 공원, 관공서에 심어 가꿔요. 같은 목련과인데 목련이나 백목련은 가을에 잎이 떨어지고, 태산목은 늘푸른나무예요.

경상남도 창원 마산고등학교에서 태산목을 보고 깜짝 놀랐어요. 꽃이 정말 크고 깨끗하고 우아했거든요. 이 학교 교화가 태산목이라 두 번 놀랐어요. 태산목을 흔히 심던 때가 아닌데 누군가 이 나무를 심었고, 교화로 정했다니요. 조화처럼 두꺼운 잎 위로 흰 꽃이 싱싱하게 핀 모습이 마음에 남았어요. 순천매산여자고등학교는 교목이 태산목이에요. 어느 학교는 교화, 어느 학교는 교목, 태산목이 꽃이나 나무로 모자람이 없어서겠죠.

꽃잎처럼 보이는 화피편이 9~12장이에요. 잎이 반들거리며 두껍고, 가장자리는 밋밋해요. 잎 뒷면과 잎자루, 어린 가지에 갈색 털이 빽빽하고요. 꽃이 피지 않을 때도 잎이 아름다운 나무죠. 꽃은 지름이 15~20cm로 크고 향기가 진해요.

태산목은 소금기 있는 바닷바람을 잘 견뎌서, 바닷가 공원이나 관광지에 심기도 해요. 추위에 약해 중부 이북에서는 겨울을 나기 힘들어요. 공기

태산목_ 6월 12일

태산목 꽃_ 6월 12일

태산목 열매_ 8월 7일

오염에 강해서 도시에 심으면 이산화탄소를 줄이는 역할을 해요. 잎이 아름다워서 꽃꽂이에도 쓰고요. 영국에서는 태산목 꽃은 피클로, 잎과 꽃은 소화불량이나 고혈압, 류머티즘성관절염 약으로, 꽃에서 뽑은 기름 성분은 향수 원료로 써요.

붓순나무 _동물이 가까이 오지 않아요?

붓순나무과

다른 이름 : 가시목, 말갈구, 발갓구, 붓순, 팔각낭
꽃 빛깔 : 연둣빛 또는 흰색
꽃 피는 때 : 3~4월
크기 : 3~5m

붓순나무는 겨울눈에서 새순이 돋아나는 모습이 붓처럼 생겨서 붓과 새순을 합친 이름이라고 하나, 정확한 기록은 없어요. 난대와 아열대 지역에서 자라는 늘푸른나무죠. 우리나라에는 전라남도, 경상남도 등에 드물게 자라고, 제주도에는 좀 더 자라는 희귀한 나무예요. 산림청이 희귀 식물로 지정 · 보호하고 있어요. 남부 지역 학교와 공원, 관공서에 심어 가꾸고, 제주에는 붓순나무로 산울타리로 만든 곳도 있어요. 중국과 일본, 타이완에도 자라고요.

붓순나무는 긴 타원형 잎이 두껍고, 반들반들 윤기가 나요. 길이가 5~10cm에 털이 없어서 볼 때마다 씻은 듯 깔끔해요. 잎 가장자리가 밋밋하고, 어긋나기지만 붙어 달려서 모여난 것처럼 보이기도 해요.

주로 봄에 연둣빛 또는 흰색 꽃이 피어요. 꽃잎이 꽃술처럼 선 모양이고, 향기가 나요. 열매는 6~12개로 나뉜 씨방으로 된 골돌이에요. 가을에 익는 열매가 팔각이 진 게 많아서 '팔각낭'이라고도 해요. 얼핏 바람개비 모양으로 보이는 열매는 지름이 2~2.5cm로, 익어 벌어지면 안에 노란 씨가 한 개씩 들었어요. 새 가지는 녹색이고요.

붓순나무는 빛이 잘 들지 않는 곳에서도 자라는 음지나무예요. 빛이 잘 드는 곳을 좋아하는 나무는 양지나무라고 해요. 그래서인지 붓순나무는 숲속 그늘진 곳이나 안개가 많은 곳에서도 잘 자라요.

붓순나무 꽃 핀 모습_ 3월 14일

붓순나무 꽃, 열매가 익을 즈음 피는 꽃도 있다._ 4월 15일

붓순나무 열매_ 9월 27일

붓순나무 겨울눈_ 3월 14일

붓순나무 줄기_ 10월 27일측백나무 잎과 열매_ 8월 21일

붓순나무는 줄기, 가지, 잎, 꽃 등 전체에서 독특한 향이 나요. 전체에 독이 있는데, 동물이 가까이 오지 않는 나무라고 알려져 일본에서는 무덤 둘레에 심는대요. 중국에서는 향신료로 쓰는 팔각회향과 열매가 비슷한 붓순나무를 잘못 써서 사고가 자주 생긴다니, 강한 독이 있는 열매를 조심해야 해요.

주로 팔각이 진 열매는 불교에서 말하는 상상의 꽃인 청련화를 닮았다고 인도와 일본에서는 붓순나무를 부처께 바치고, 불교 행사 때 널리 쓴대요. 목재는 부드럽고 촉감이 좋아서 양산 대, 염주, 주판알을 만들었어요. 나무껍질과 잎, 가지는 혈액응고제 같은 약재로 쓰고, 향료로도 써요. 우리나라에는 자생종 붓순나무와 재배종이 몇 종류 있어요.

소귀나무 _어디가 소귀를 닮았을까?

소귀나무과
다른 이름 : 속나무, 속낭, 소귀낭, 쉐기낭
꽃 빛깔 : 암꽃 붉은빛 | 수꽃 연노란빛
꽃 피는 때 : 4~5월
크기 : 10m

소귀나무는 자생지가 좁고 나무 수도 많지 않아, 산림청에서 희귀 식물로 정했어요. 제주도에 자라는 늘푸른나무인데, 서귀포 지역 하천 둘레에서 드물게 보여요. 중국 남부, 일본, 타이완, 필리핀에도 있어요. 대개 따뜻한 난대 지역에 자라는데, 제주도가 소귀나무 북방 한계 지역이라니 더욱 가치 있는 나무죠. '속나무'라고도 해요.

소귀나무는 이파리가 소귀를 닮아서 붙은 이름이라고 흔히 말해요. 하지만 잎을 아무리 봐도 소귀를 닮은 것 같지 않아요. 서귀포 마을 가운데 동홍동의 내 하나를 '소귀동산'이라고 해요. 서귀포 동홍천 상류를 말하죠. 소귀나무가 많아서 붙은 이름이라니, 이 지역에서는 뜻깊은 나무예요.

잎은 긴 타원형으로, 가장자리에 물결무늬 주름이 져요. 잎이 가지 끝에 모여 달리고, 비비면 독특한 향이 나요. 꽃은 암수딴그루예요. 열매는 마땅히 암나무에 달리고요. 6~7월에 검붉게 익는 열매는 겉에 사마귀 같은 돌기가 있고, 단맛과 신맛이 나요. 생으로 먹거나 절임, 주스, 잼, 파이, 술 등을 만들어요. 일본에서는 소귀나무 열매로 만든 주스를, 중국에서는 소귀나무 열매를 넣어 만든 술을 팔아요. 소귀나무의 중국 이름이 양매예요.

한방에서는 소귀나무를 혈압강하제나 이뇨제로 써요. 한약재 이름이 열매는 양매, 줄기껍질은 양매수피, 뿌리는 양매근이라 해요.

소귀나무_ 8월 23일

소귀나무 잎_ 12월 13일

소귀나무 잎과 겨울눈_ 12월 6일

소귀나무 잔가지_ 11월 4일

소귀나무 잎_ 12월 6일

소귀나무 줄기_ 12월 13일

담팔수 _한두 잎이 빨개요

담팔수과

다른 이름 : 담팥수
꽃 빛깔 : 우윳빛 도는 흰색
꽃 피는 때 : 7월 중순
크기 : 20m

담팔수는 볼 때마다 아래쪽 잎 한두 장이 빨갛게 물들어 있어요. 여덟 잎 가운데 하나 정도 붉다고, 물들어 서서히 잎이 떨어지니 한 해에 여덟 번 정도 잎이 지는 나무라고 담팔수라고 해요. 한자는 쓸개 담(膽), 여덟 팔(八), 나무 수(樹)를 써요. 한자를 보니 더 궁금했어요. 담팔수는 잎과 열매가 쓸개처럼 쓰고, 갸름한 잎이 달린 꼴이 여덟 팔을 굵게 써놓은 것 같아 붙은 이름이에요.

담팔수는 사철나무처럼 늘푸른넓은잎나무예요. 늘푸른나무도 잎이 지기는 하죠. 대개 봄에 새잎이 날 때 잎이 져요. 담팔수는 1년 내내 거의 아래쪽 잎 한두 장이 물들고 떨어지는 게 매력이고 특징이에요. 그러다 새잎이 자리를 잡은 9월 중순에 유독 잎이 많이 떨어져요.

담팔수는 부산과 거제도, 김해 등에 심어 가꿔요. 제주도는 천지연폭포, 천제연폭포, 원앙폭포, 안덕계곡, 섶섬 등 자생지에서 생생하게 볼 수 있죠. 일본과 타이완에도 자라고요. 제주 천지연 담팔수 자생지는 천연기념물 163호예요. 500살이 넘은 강정동 담팔수(천연기념물 544호)는 내길이 소당의 신목이라, 마을 사람들이 치성을 드리고 제주 민속 문화가 깃들었고요. 제주도는 우리나라에서 담팔수가 자랄 수 있는 북방 한계 지역이라, 기후변화를 비롯해 살펴볼 게 많아요.

제주국제공항에서 나와 신제주로터리에서 신제주초등학교 옆길로 이어

담팔수_ 6월 19일

담팔수 꽃_ 7월 31일

담팔수 열매_ 10월 6일

담팔수 단풍 든 잎 1~2장_ 9월 13일

담팔수 떨어진 잎_ 9월 12일

지는 도로에 아름드리 담팔수 가로수가 있어요. 공항을 건설할 때 심었대요. 서귀포에도 담팔수 가로수가 곳곳에 있어요. 학교와 공원, 관공서에서도 흔히 보이고요. 환경 단체 생명의숲은 아름다운 숲을 찾아 지키려고 '아름다운 숲 발굴 공모 사업'을 해요. 2004년 아름다운숲전국대회 '학교숲' 부문에서 상을 받은 제주 수산초등학교에 담팔수가 있고, 가마초등학교는 담팔수가 교목이에요.

담팔수 열매는 올리브처럼 생겼어요. 인도에서는 담팔수 열매에 든 딱딱한 씨로 염주를 만들어요. 목재는 단단해서 가구를 만들고, 열매와 뿌리 껍질은 약으로 써요.

녹나무 _숲의 왕자는 누구?

녹나무과

다른 이름 : 녹낭, 향장목, 장뇌목, 장수, 장목, 예장나무
꽃 빛깔 : 흰색에서 노란색이 됨
꽃 피는 때 : 5월
크기 : 20~30m

녹나무는 숲의 왕자라고 할 만큼 크고 아름답게 자라요. 어린잎은 붉은빛이 돌고, 잎맥 세 쌍이 뚜렷하며, 잎맥 세 개가 만나는 자리에 선점 두 개가 있어요. 선점은 잎이나 꽃 등에 있는 검거나 투명한 점으로, 여기서 분비물이 나와요.

1000년을 살 수 있는 녹나무는 어린 가지가 노란빛이 도는 녹색이에요. 난대성 늘푸른나무 가운데 대표라 할 수 있죠. 키가 크고 굵게 자라 쓰임이 많아요. 우리나라에는 제주도와 남부 해안 지역에 있어요. 제주도에는 녹나무 가로수가 많아요. 서귀포 도순동에 있는 녹나무 자생지는 천연기념물 162호로 지정 · 보호되고요.

제주 도순초등학교에는 졸업생이 심은 커다란 녹나무가 자라요. 곰솔, 구실잣밤나무 등 큰 나무가 많은 학교인데, 1979년 녹나무를 교목으로 정했어요. 녹나무를 보는데 든든한 선배가 후배를 지켜주는 것 같았어요.

녹나무는 향기가 나는 나무예요. 줄기와 가지, 잎, 뿌리를 수증기로 증류하면 기름을 뽑을 수 있는데, 이 기름을 장뇌라고 해요. 장뇌를 넣어 방충제와 살충제, 강심제 등을 만들어요. 물파스나 호랑이기름 연고에도 장뇌 성분이 들었대요. 녹나무로 옷장을 만들면 좀이 슬지 않는다고 해요. 장뇌 덕분이죠. 녹나무 목침을 베면 편안히 잔다고 하는데, 녹나무에서 나는 향기가 마음을 가라앉히기 때문이에요.

녹나무_ 9월 15일

녹나무 잎_ 12월 6일

녹나무 열매_ 9월 12일

녹나무 어린줄기_ 12월 13일

녹나무 줄기_ 9월 29일

녹나무 잎_ 9월 1일

제주에서는 녹나무 향기가 액운을 막아준다고 믿어, 해녀가 쓰는 연장 자루를 녹나무로 만들었어요. 물질하다 상처가 나면 녹나무로 만든 연장을 깎아 태워서 연기를 쐬었다고도 해요. 마을 사람이 큰 상처가 나거나, 갑작스레 목숨이 위험하면 방에 녹나무 잎과 가지를 깔고 눕힌 다음 뜨겁게 불을 지폈대요. 녹나무에 있는 약 성분이 열기와 함께 증발해 환자의 땀구멍과 폐로 들어가게 하려고요.

장뇌는 나쁜 균을 죽이고, 염증을 치료하고, 심장이 튼튼하게 하는 효능이 있대요. 일본에서는 장뇌를 우리나라 인삼처럼 국가 전매품으로 취급한다고 해요. 녹나무 목재는 가구와 배, 나막신, 목어, 목관 등을 만들었고요.

후박나무 _후박엿 호박엿

녹나무과

다른 이름 : 왕후박나무, 누룩낭, 후박낭
꽃 빛깔 : 노란빛 띤 녹색
꽃 피는 때 : 5월
크기 : 20m

후박나무는 남쪽 바닷가 마을에서 아름드리로 자라요. 나무껍질이 두꺼워서 이름에 두꺼울 후(厚), 후박나무 박(朴)을 써요. 우리나라 남쪽 지역 난대림에서 대표 나무라고 할 만큼 흔해요. 마을 정자나무도 많고 뒷산에도 자주 보이지만, 사는 곳이 넓진 않아요. 울릉도, 경상남도, 전라남도, 제주도 등 바닷가 산지에서 자라거든요. 중국과 일본, 타이완에도 있어요.

후박나무 새잎은 단풍처럼 붉어요. 청띠제비나비 애벌레는 후박나무 어린잎을 갉아 먹고 살아요. 나무는 선 자리에서 양분을 만들고, 그 양분으로 자라는 대단한 능력이 있어요. 식물이 만든 양분을 먹어야 사는 동물을 먹여 살리기도 하죠. 동물은 먹고 또 먹으며 살다가 죽으면 흙으로 돌아가 식물한테 거름이 돼요. 식물이나 동물이나 생명을 품은 목숨이 살아가는 이치는 참말로 신비해요.

봄에 노란빛을 띤 녹색 꽃이 피면 후박나무 전체가 복슬복슬 꽃 같아요. 콩만 한 둥근 열매는 반들반들한 초록이다가 검자주색으로 익어요. 익기 전에 열매자루가 빨개져서 꽃같이 예쁘죠. 열매가 익으면 직박구리, 흑비둘기(천연기념물 215호) 같은 새들이 와서 먹어요. 집 밖에 물통을 두면 새가 와서 물을 먹고 똥을 싸놓고 갈 때가 많은데, 새똥 속에 동그란 후박나무 씨가 자주 보여요.

후박나무는 씨는 싹이 잘 나고, 후박나무 아래는 어린나무가 많아요. 그

후박나무_ 6월 4일

후박나무 꽃_ 5월 6일

후박나무 새잎, 붉다._ 6월 13일

후박나무 열매_ 6월 28일

후박나무 잎 뒷면_ 2월 20일

후박나무 씨_ 6월 4일

후박나무 어린나무_ 2월 20일

래서인지 남해안과 섬 지방 난대림에는 후박나무가 무성해요. 부산이나 거제도, 제주도에는 후박나무 가로수도 많고요. 제주 납읍초등학교와 효돈초등학교는 교목이 후박나무예요.

후박나무 껍질은 후박피라 해서 약이나 화장품 원료로 써요. 울릉도에서는 예전에 후박나무 껍질로 엿을 만들고, 헛배가 부르거나 소화가 안 될 때, 설사하거나 구역질이 날 때 달여 먹었대요. 관광객이 많아지면서 후박나무 엿을 만들다간 나무가 다 없어질 것을 염려해 호박으로 엿을 만들기 시작했대요. 덕분에 호박엿이 울릉도 관광 상품이 됐죠. 후박나무는 우리나라에 흔해도 세계에서는 흔하지 않은 나무예요.

참식나무 _갈색 털옷을 입고 나와요

녹나무과

다른 이름 : 식나무, 청목
꽃 빛깔 : 암꽃 흰빛 띤 연노란색 | 수꽃 연노란색
꽃 피는 때 : 10~11월
크기 : 15m

볕이 쨍쨍한 여름에 제주 도순초등학교에 갔어요. 키가 큰 곰솔이 주차장에 그늘을 드리워서 고마웠어요. 차를 대고 교문으로 가는데, 아왜나무가 빨간 열매를 꽂인 듯 달고 있었어요. 돌담 안에 참식나무가 우뚝 서 있어 더 반가웠어요. 학교 앞뜰과 뒤뜰을 나무가 둘러싸고, 운동장 가에도 나무가 빙 둘러서 자라고 있었어요. 녹나무, 곰솔, 담팔수, 후피향나무, 붓순나무, 비파나무, 밤나무, 살구나무, 구실잣밤나무… 게다가 운동장에서 이어진 곳에 아름드리로 자란 나무들이 학교 숲으로 펼쳐졌어요.

"우아! 학교에 나무가 이렇게 많다니. 학교 숲도 있어!"

학생과 선생님들이 정말 부러웠어요. 나무 덕에 맑은 공기를 마시고, 나무랑 얽힌 추억이 생길 테니 나무한테 넙죽 절이라도 하고 싶었어요. 쉬는 시간에 나무 곁이나 학교 숲에서 맘껏 뛰어놀 수 있다면 얼마나 좋을까요? 잎이 나고, 꽃이 피고, 열매가 맺히는 걸 보면서 자연의 섭리가 몸과 맘에 스미겠죠. 나무가 있으니 새랑 곤충이 찾아들 테고요. 아이들이 나무랑 가까이 보낸 기억은 살다가 어느 때는 지혜로 빛나고, 어느 때는 든든한 힘이 될 거예요.

참식나무는 전라남도, 경상남도, 제주도와 울릉도 등에서 자라요. 중국, 일본, 타이완에도 있고요. 봄에 새순이 날 때는 연한 갈색 털로 싸여 반짝이는 늘푸른나무예요. 새잎이 목을 못 가누는 아기처럼 밑으로 처졌다가,

참식나무_ 8월 16일

참식나무_ 9월 20일

참식나무 새잎_ 5월 7일

참식나무 수꽃_ 11월 10일

참식나무 암꽃과 열매_ 11월 3일

참식나무 잎_ 10월 15일

생달나무_ 10월 6일

생달나무 꽃봉오리_ 6월 16일

생달나무 어린나무_ 10월 6일

생달나무 열매_ 10월 6일

생달나무 잎_ 10월 15일

자라면서 고개를 들고, 더 자라면 털이 없어지고 뒷면에 흰빛이 돌아요. 아기 얼굴이 열두 번도 더 변하는 것처럼 참식나무도 그래요.

꽃이 암수딴그루로 10~11월에 피어요. 열매는 이듬해 가을에 빨갛게 익어서 가지 위쪽에는 꽃이 있고, 아래쪽에는 열매가 보여요. 노란 열매가 달리는 노랑참식나무도 있어요.

참식나무 잎은 독특한 향기가 있어서 비비면 싱그러운 냄새가 나요. 잎에서 뽑은 기름은 아토피를 비롯한 피부 염증에 약으로 써요. 추위에 약한 참식나무는 전라남도 영광의 불갑사 뒷산이 북방 한계 지역이며, 이곳은 천연기념물 112호로 지정 · 보호되고 있어요. 제주도에서는 감귤밭이나 집 둘레, 천지연폭포, 곶자왈 등에 흔해요.

생달나무

키가 15m로 자라고, 잎이 어긋나는데 더러 마주난 잎도 보여요. 비슷한 참식나무는 잎이 어긋나는데, 끝에 모여나듯이 달리는 점이 달라요. 잎은 비비면 싱그러운 냄새가 나요. 앞뒤에 털이 없고, 잎맥 세 개가 뚜렷하며, 가장자리는 밋밋해요. 꽃은 6~7월에 잎겨드랑이에서 꽃대가 길게 나오고, 노란빛 띤 연녹색으로 피어요. 열매는 9월 말~11월에 검자줏빛으로 익고요. 목재는 단단하고 치밀해 가구를 만들고, 나무껍질과 열매는 한방에서 약으로 써요.

새덕이

키가 10m로 자라요. 잎 모양이 서대기라는 바닷물고기를 닮아 사데기라 하다가 새덕이가 됐대요. 전라남도의 여러 섬, 거제도, 제주도 등 바닷가 산지에서 자라는 나무라 바닷물고기와 견줘 이름이 생길 법도 하죠. 얼핏 보면 참식나무와 닮았는데, 잎이 좀 더 작고 갸름해요. 3~4월에 붉은 꽃이 피고, 열매는 9월에 검자주색으로 익어요. 새덕이랑 참식나무, 찬찬히 보면 달라요.

새덕이_ 2월 23일

새덕이 수꽃_ 2월 23일

새덕이 열매_ 12월 5일

새덕이 잎_ 2월 23일

새덕이 잎_ 10월 26일

센달나무_ 10월 15일

센달나무 잎_ 10월 15일

센달나무 잎_ 12월 1일

구분	참식나무	새덕이
어린잎	털이 있다가 없어진다.	털이 있다가 없어진다.
잎	타원형 잎이 크다.	긴 타원형 잎이 작다.
꽃	10~11월에 연노란빛으로 핀다.	3~4월에 붉은빛으로 핀다.
열매	빨갛게 익는다.	검자주색으로 익는다.

센달나무

키가 10m로 자라고, 전라남도의 섬과 제주도 곶자왈 등에서 볼 수 있어요. 댓잎처럼 가느다란 잎이 8~20cm로 우리나라 녹나무과 가운데 가장 길고, 밋밋한 가장자리에 물결무늬 주름이 져요. 잎 앞면은 반들반들 윤이 나고, 뒷면은 흰빛이 살짝 도는 녹색이에요.

나무껍질에는 숨을 쉬는 작은 구멍인 피목(377쪽 참조)이 많은데, 이게 붉은 갈색이에요. 5월에 연노란색을 띤 녹색 꽃이 긴 꽃자루 끝에 원추꽃차례로 달려요. 둥근 열매가 8~9월에 검은 녹색으로 익고, 꽃받침이 남아 있어요. '누룩낭'이나 냄새 취(臭), 오줌 뇨(尿), 녹나무 남(枏)을 써서 '취뇨남'이라고도 해요.

육계나무

키가 8m로 자라고, 나무껍질에서 계피 향이 나요. 고향이 중국 남부와 베트남 등 아열대 지역이고, 제주도에 심어 가꿔요. 녹나무과 다른 나무하고 견주면 잎끝이 꼬리처럼 생겼어요. 잎맥은 밑에서 세 개로 갈라지고, 꽃차례에 누운 털이 있어요.

'계피나무'라고도 하고, 나무껍질을 계피라 해요. 수정과나 음식을 만들 때 쓰는 계피가 육계나무 껍질이에요. 줄기나 뿌리껍질은 맵고 향기가 나서 음식이나 과자에 향료로 써요. 제주도에 육계나무를 재배하는 곳이 있지만, 우리나라에서는 거의 수입한 계피를 팔아요. 계피는 항균 · 살균 작용을 해, 미라 방부제로도 썼대요.

육계나무_ 12월 6일

육계나무 잎_ 8월 30일

육계나무 어린 열매_ 9월 13일

육계나무 잎_ 12월 6일

육박나무_ 10월 25일

육박나무 잎_ 10월 10일

육박나무 굵은 줄기_ 3월 6일

육박나무 잎_ 12월 6일

육박나무

오래된 나무껍질이 육각형으로 벗겨져 얼룩말처럼 얼룩덜룩해서 이름에 여섯 육(六), 얼룩말 박(駁)을 써요. 잘 자란 육박나무 앞에서 얼룩말 몇 마리가 달리는 상상을 했어요. 키가 15m까지 자라고, 오래되면 껍질이 떨어져 무늬가 생기는데 해병대 옷을 닮았다고 '해병대나무'라고도 해요. 후박나무, 생달나무, 참식나무, 센달나무, 종가시나무 들과 같이 자라요.

긴 타원형 잎이 어긋나고, 앞면은 윤기가 나고 뒷면은 흰빛이 돌아요. 꽃은 암수딴그루로 7월에 노랗게 피고, 열매는 이듬해 7~8월에 붉게 익어요. 줄기가 보기 좋아 심어 가꾸기도 하고, 목재는 가구나 악기 등을 만드는 데 써요. 제주도와 거제도, 청산도 같은 남쪽 지역에 자라고, 일본과 타이완에도 있어요.

까마귀쪽나무 _까마귀가 익는 족족 먹나요?

녹나무과

다른 이름 : 가마귀족낭, 구름비나무, 구롬비, 구럼비, 구룬비, 구럼비낭
꽃 빛깔 : 연노란빛
꽃 피는 때 : 9월 중순~10월 초
크기 : 7m

제주도에서는 '가마귀족낭'이라 해요. 까마귀 같은 새들이 열매가 익는 족족 따 먹어서 이런 이름이 붙었대요. 가마귀족낭, 가마귀족낭 하다가 까마귀쪽나무가 됐죠. 익은 열매 빛깔이 염료로 쓰는 쪽을 삶은 물빛과 까마귀 깃털 색을 닮아서 까마귀쪽나무라 한다고도 해요.

검자주색으로 익는 열매가 들큼하기도, 고소하기도, 밍밍하기도 해요. 제주도 해녀들이 물질하다가 무릎이나 다리가 아프면 까마귀쪽나무 열매를 따 먹어서, 알음알음으로 관절에 도움이 된다고 알려졌어요. 연구 결과, 식품의약품안전처에서 관절염 개선 효능을 입증받아 관절 건강 기능 식품 원료로 사용되고 있어요. 바닷가 마을에서 흔한 까마귀쪽나무 열매가 귀한 약이 된다니 고마운 일이죠.

경상남도와 전라남도의 섬, 울릉도, 제주도 해안 지대에서 자라며, 소금기 있고 세찬 바닷바람도 잘 견뎌요. 바닷가 마을에서는 바람막이숲이나 산울타리로 심어요. 잎과 나무 모양이 흐트러짐 없어서 학교나 공원, 관공서 등에 있는 나무도 깔끔해요.

제주민군복합형관광미항(제주해군기지)이 뉴스에 나온 적이 있어요. 그때 구럼비바위라고 들어봤나요? 구럼비바위는 어떤 바위일까요? 둘레에 구럼비낭이 많은 바위를 말하죠. '구럼비낭'은 까마귀쪽나무의 다른 이름이에요.

까마귀쪽나무_ 11월 13일

까마귀쪽나무 새잎 나는 모습_ 5월 21일

까마귀쪽나무 꽃봉오리_ 8월 28일

까마귀쪽나무 수꽃_ 9월 26일

까마귀쪽나무 열매_ 5월 22일

까마귀쪽나무 잎_ 12월 6일

까마귀쪽나무는 녹나무과 까마귀쪽나무속에 드는 늘푸른나무예요. 꽃은 가을에 암수딴그루로 피고, 열매는 이듬해 5월 말~7월에 익어요. 긴 타원형 이파리가 매우 두껍고, 뒷면에 갈색 털이 빽빽해요. 열매는 건강식품으로 만든 여러 상품이 있어요.

굴거리나무 _굿하는 데 쓴 굿거리나무

굴거리나무과

다른 이름 : 굴거리, 교양목
꽃 빛깔 : 녹색
꽃 피는 때 : 3~4월
크기 : 3~10m

굿하는 데 써서 굿거리나무라 하다가 굴거리나무가 됐대요. 새잎이 나면 먼저 있던 잎이 떨어져 자리를 넘겨주고 떠난다는 뜻으로 넘길 교(交), 사양할 양(讓), 나무 목(木)을 써서 '교양목'이라고도 하죠. 잎이 달린 가지는 좋은 일이 있을 때 장식으로 쓰기도 해요. 늘푸른넓은잎나무인데 새잎이 자리 잡으면 하나둘 노랗게 물들어 떨어지다가, 9월 중순이 지나면 더 많이 떨어져요.

굴거리나무는 울릉도, 제주도, 거제도 등 주로 남쪽 해안가에서 자라요. 한라산에 가면 해발 1300m에서도 볼 수 있고요. 전라북도 정읍 내장산에 있는 굴거리나무는 온난화에 따라 북상하는 한반도 난대 늘푸른넓은잎나무를 조사하고 연구하는 데 큰 역할을 한대요. 우리나라 굴거리나무 북쪽 한계 지역이 내장산이어서, 이곳 굴거리나무 군락은 천연기념물 91호로 지정 · 보호해요. 중국, 일본, 타이완에도 굴거리나무가 있어요.

잎은 앞면이 반들반들 윤기가 나고, 붉은빛 도는 긴 잎자루가 예뻐요. 어긋나는 잎이 가지 끝에 촘촘히 모여 달려서 돌려난 듯이 보여요. 그래서인지 남쪽 지역 뜰에 정원수로 많이 심죠.

꽃은 암수한그루로 봄에 피어요. 열매는 검푸른색으로 익는데, 직박구리가 먹는 걸 자주 봐요. 민간에서는 소화가 안 되고 식욕이 없을 때나 속이 불편할 때 굴거리나무 잎과 열매를 달여서 먹는다고 해요. 옛날에는 잎

굴거리나무_ 9월 16일

굴거리나무 암꽃_ 5월 9일

굴거리나무 겨울 모습_ 2월 9일

굴거리나무 잎_ 12월 5일

굴거리나무 열매_ 10월 7일

좀굴거리나무_ 9월 29일

굴거리나무와 좀굴거리나무 잎_ 9월 29일

과 줄기를 잘라서 뒷간에 넣으면 구더기가 생기지 않았대요. 굴거리나무 잎 달인 물을 구충제로도 썼고요. 잎과 나무껍질에 루틴, 케르세틴 같은 성분이 들어서 구충제로 쓴다는 연구 결과가 있어요.

굴거리나무는 그늘진 숲에서도 잘 자라요. 한여름은 말할 것도 없고, 한겨울에도 푸른 잎에 눈을 이고 있는 모습이 정말 아름다워요. 모여난 잎은 눈이 쌓이기 쉽거든요. 잎이 작은 좀굴거리나무도 있어요.

비쭈기나무 _뭐가 비쭉 나왔을까?

차나무과

다른 이름 : 빗죽이나무, 비쭉이나무, 빗죽나무
꽃 빛깔 : 노란빛 도는 흰색
꽃 피는 때 : 5~6월
크기 : 15m

'빗죽이나무' '비쭉이나무'라고도 해요. 비죽이나 비쭉은 '물체 끝이 조금 길게 앞으로 나와 있는 모양'을 뜻해요. 그래서 '겨울눈이 비쭉 나온 나무'라는 뜻으로 비쭈기나무라 해요. 실제로 이 나무 겨울눈은 가늘고 긴데다, 옆으로 삐죽 나온 모양이에요.

차나무과에 드는 늘푸른넓은잎나무인데, 꽃향기가 좋아요. 열매는 가을에 까맣게 익고, 열매 끝에 실 같은 암술대가 달렸어요. 새 가지는 녹색이고 각이 졌으며, 털이 없어요. 어긋나는 잎은 긴 타원형이고, 가장자리가 밋밋하고 두꺼워요. 앞면은 윤기가 나고 뒷면은 연한 녹색이며, 앞뒤에 털이 없어요. 겨울눈은 새 발톱 혹은 낫 모양으로 구부러졌어요.

비쭈기나무는 따뜻한 곳을 좋아해서 전라남도, 경상남도, 제주도 등 해안 지대와 섬에 자라요. 중국과 일본, 타이완에도 있어요. 일본에서는 잎이 달린 가지를 불전이나 신사 등에 바쳐서 신목이라고 해요. 무속인이 신을 부른다고 비쭈기나무 가지를 공중에 흔들거나 땅에 두드리고, 정월에는 대문 밖에 걸어둔대요. 결혼식처럼 중요한 행사에도 쓰고요.

비쭈기나무속에 드는 나무 가운데 우리나라에서 자생하는 나무는 비쭈기나무뿐이에요. 원예종으로 들여온 품종이 있긴 하죠. 비쭈기나무는 깔끔하고 모양이 아름다워서 정원수로 심고, 가지가 많이 뻗어서 산울타리로 심기도 해요.

비쭈기나무_ 10월 25일

비쭈기나무 잎과 겨울눈_ 12월 13일

비쭈기나무 열매_ 9월 15일

비쭈기나무 익은 열매_ 12월 6일

비쭈기나무 잎_ 12월 6일

비쭈기나무 줄기_ 12월 6일

조록나무 _자루가 달리는 나무

조록나무과

다른 이름 : 조록낭, 조로기낭, 조레기낭, 조롱낭, 잎벌레혹나무
꽃 빛깔 : 붉은빛
꽃 피는 때 : 4~5월
크기 : 20m

조록은 제주 말로 자루, 낭은 나무를 뜻해요. 나무에 왜 조록이 붙었을까요? 조록나무 잎에는 메추리 알 크기로 부푼 벌레혹이 많이 생기는데, 사람들 눈에 작은 자루로 보였나 봐요. 벌레혹은 처음에 녹색 풍선껌을 불어서 붙여놓은 것 같아요. 그러다 벌레가 빠져나가면 구멍이 생기는데, 이걸 자루로 본 모양이에요.

벌레혹 이름은 조록나무용안진딧물 벌레혹이에요. 진딧물 종류 가운데 한 종류가 사는 집이죠. 벌레혹은 녹색이다가 진딧물이 빠져나가면 갈색으로 변하고 딱딱해져요.

어긋나는 잎은 두껍고 반들거려요. 가장자리가 밋밋하고, 앞뒤에 털이 없어요. 얼핏 보면 동백나무 잎을 닮았지만, 가장자리가 밋밋해서 구별하기 쉬워요. 동백나무는 잎 가장자리에 톱니가 있거든요. 줄기는 적갈색이고, 가지에 별 모양 털이 있다가 없어져요. 굵은 줄기는 붉은빛이 점점 줄어들고요. 4~5월에 꽃부리 없이 붉은 꽃받침으로 된 작은 꽃이 피어요. 가을에 익는 열매는 두 개로 갈라져 씨가 나오죠.

제주도와 경상남도의 섬, 전라남도 완도 등에서 자라고, 요즘은 학교나 공원, 관공서 등에 심어 가꾸기도 해요. 목재는 가구, 머리빗, 악기, 조각 등에 써요. 목재가 단단해서 전에는 목검을 만들었고, 집 지을 때 기둥으로 쓰기도 해요.

조록나무_ 8월 25일

조록나무 줄기_ 12월 6일

조록나무 꽃_ 3월 17일

조록나무 열매_ 8월 2일

조록나무에 생긴 벌레혹_ 9월 13일

벌레혹 속에 있는 진딧물_ 9월 13일

조록나무용안진딧물 벌레혹_ 12월 13일

조록나무 잎_ 12월 6일

제주도 곶자왈에서는 조록나무가 참식나무, 구실잣밤나무, 종가시나무, 녹나무 등과 어울려 자라요. 조록나무는 제주 말 지킴이 나무이기도 해요. 조록나무가 아니었다면 조록이 자루를 뜻하는 제주 말인지 몰랐을 테니까요.

"조록나무야 고마워. 조록=자루, 기억할게."

식나무 _젊고 아름다운 나무

층층나무과

다른 이름 : 넓적나무, 청목, 산대추
꽃 빛깔 : 검자줏빛
꽃 피는 때 : 3~4월
크기 : 1~3m

식나무는 가지와 잎이 푸르러서 '청목', 잎이 넓어서 '넓적나무'라고도 해요. 울릉도에서는 열매가 대추를 닮았다고 '산대추'라 하고요. 긴 타원형 잎이 손바닥처럼 넓고 두꺼우며, 비닐 코팅을 한 듯 반들반들해요. 잎 가장자리에 굵은 톱니가 있어요. 바닷가 산지 그늘진 곳을 좋아하고, 학교와 공원, 관공서 등에 심어 가꾸기도 해요. 어린 가지는 녹색이고, 오래 지나면 갈색이 섞여요.

겨울에 강연하러 간 학교 담장 밑에 식나무가 싱싱하게 자라고 있었어요. 저도 모르게 중얼거렸죠. "식나무야, 넌 겨울에도 참 싱싱하네." 식나무가 싱긋 웃는 것 같았어요. 식나무 꽃말 '젊고 아름다움'처럼 싱싱한 잎이 정말 아름다웠거든요. 식나무는 싱싱한 잎 덕에 젊고 아름답다는 말을 들어서 좋겠어요.

식나무는 경상남도, 전라남도, 울릉도, 제주도의 산기슭에 자라요. 다른 지역에서는 심어 가꾸고, 추운 데 살지 않는 나무라 중부 이북 지방에서는 실내에 심어요. 일본과 중국, 타이완에도 있어요.

암수딴그루로 3~4월에 검자줏빛 꽃이 피어요. 잎에 노란 점이 있는 금식나무도 주로 남부 지방에 심어 가꾸죠. 잎에 난 무늬와 빨간 열매가 아름다워요. 영어 이름이 골드더스트트리(gold dust tree), '금가루 나무'라는 뜻이에요.

식나무_ 10월 27일

식나무 꽃_ 3월 18일

금식나무 잎_ 9월 10일

금식나무 열매_ 12월 5일

경상남도 남해군 미조리 상록수림(천연기념물 29호)에 식나무가 있어요. 내륙에서는 보기 힘든 생달나무, 육박나무, 후박나무, 무룬나무, 돈나무, 비쭈기나무, 송악 들과 같이 자라죠. 제주도 거문오름과 곶자왈에도 식나무가 있고요. 산자락으로 이어진 집에서는 식나무가 산울타리로 자라기도 해요.

뜰에 있는 나무를 보다가 숲에서 만나면 더 반가워요. 줄기는 탄력이 있어서 지팡이나 양산 자루를 만들어요. 잎은 동물 사료로 쓰고요. 민간에서는 생잎을 찧어 찰과상이나 화상, 치질 등에 붙이고, 열매는 타박상 치료제로 써요.

아왜나무 _뽀글뽀글 거품나무

인동과

다른 이름 : 거품나무, 산호수
꽃 빛깔 : 흰색
꽃 피는 때 : 6~7월
크기 : 5~10m

아왜나무는 크고 유난히 반짝이는 잎이 사철 푸르고, 물기가 많고, 두꺼워요. 그래서 불에 잘 타지 않아 불이 번지는 것을 막는 산울타리로 많이 심고, 학교나 공원, 관공서 등에도 심어요. 우리나라 산에 절로 자라는 나무인데, 남해안과 제주도 바닷가 산기슭에서 흔히 보이죠. 일본과 중국, 타이완, 필리핀에도 있어요.

아왜나무는 왜 아왜나무일까요? 제주도에서는 아왜낭이라 하는데, 아왜는 '거품'을 뜻하는 일본 말 아와가 바뀐 거라고 전해져요. 아왜나무는 불이 붙으면 잎 속에 있는 수분이 빠져나오면서 뽀글뽀글 거품이 일거든요. 아왜나무 종명에 아와부끼(*awabuki*)가 들어가는데, 부끼는 '무기' '효과가 있는 수단'을 가리켜요. 그러니까 '거품나무'라고도 하는 아왜나무는 불을 막는 역할을 했다는 게 맞아떨어져요. 이걸 알고 아왜나무를 보니 참 고맙지 뭐예요.

산불 소식이 들리면 너나없이 안타까워하잖아요. 그 푸른 나무가 눈 깜짝할 새 잿더미가 되니까요. 실수나 부주의로 불이 났을 때 소방차가 바로 달려가서 끄면 좋지만, 상황이 안 될 때 아왜나무가 시간을 벌어준다면 더없이 고마운 일이죠.

산불이 난 방송을 보면 살아 있는 나무에도 불이 정말 빨리 붙어요. 그럴 때 늘푸른넓은잎나무가 많으면 산불이 번지는 걸 늦춰서 시간을 벌 수

아왜나무 열매 맺은 모습_ 9월 26일

아왜나무 꽃_ 6월 30일

아왜나무 열매_ 10월 1일

아왜나무 잎_ 8월 29일

있대요. 늘푸른넓은잎나무가 많은 제주도에서는 산불이 육지보다 잘 나지 않는다는 기록이 있어요. 아왜나무같이 늘푸른넓은잎나무가 많은 숲에 가면 어두컴컴해서 눈앞이 좀 답답했는데, 이런 사실을 알고 나니 정말 고마워요.

아왜나무는 여름에 흰 꽃이 피어요. 열매는 10월쯤 익고요. 열매가 바다에 사는 붉은 산호를 닮은 나무라서 '산호수'라 하고, 한약재 이름도 같아요. 민간에서는 줄기와 잎을 골절상이나 타박상 등에 약으로 쓰고, 잎은 뱀한테 물린 데 찧어서 붙여요. 아왜나무에 보습 · 항균 · 항산화 작용을 하는 성분이 있어서 화장품 원료로도 써요.

돈나무 _똥나무 돈나무

돈나무과

다른 이름 : 가마귀똥낭, 갯똥나무, 섬음나무, 해동목, 칠리향
꽃 빛깔 : 흰색
꽃 피는 때 : 5~6월
크기 : 2~3m

돈나무는 이름만 들어도 기분이 좋아요. 식물 이름에 돈이 들어가니까요. 돈나무에 꽃이 피면 도깨비가 나타나 "금돈 줄까, 은돈 줄까?" 하고 물을 것만 같아요. 돈나무 꽃에서는 좋은 일이 생길 것 같은 향기가 나죠.

돈나무는 열매 덕에 얻은 이름이에요. 황금색 열매껍질이 터지면 빨갛고 끈적끈적한 과육이 나와요. 이 냄새를 맡고 파리가 꼬여 맛나게 먹어요. 이 모습을 본 제주 사람들이 화장실 냄새가 나는 열매가 달리는 나무라고 똥낭이라 하다가 똥나무, 돈나무가 됐대요. 바닷가에 자라서 '갯똥나무'라고도 해요.

아주 오래전 부산에서 돈나무를 봤는데, 다듬어진 나무 같았어요. 첫인상이 참한 돈나무가 그 뒤 아파트 뜰이나 공원, 학교, 관공서 등에서 흔히 보이더라고요. 원예종으로 개량한 나무인가 보다 미뤄 생각했죠. 그러다 전라남도와 경상남도의 섬, 제주도 바닷가 등에서 자라는 우리 나무라는 걸 알고 도깨비를 본 듯 반가웠어요.

한번은 올레를 걷다가 꽃향기가 나서 따라가니, 바닷가 바위틈에 별 모양 돈나무 꽃이 하얗게 피어 있었어요. 청띠제비나비가 무리 지어 이 꽃 저 꽃 날아다니고요. 나비들이 꽃꿀을 빨다가 불청객을 보고 더 바빠졌어요. 돈나무는 어긋나는 잎이 가지 끝에 모여 달려요. 새잎이 그 가운데서 솟아오른 듯한데, 꽃방석에서 다른 꽃방석이 솟아난 모양이죠. "어쩜! 돈나무

돈나무_ 11월 22일

돈나무 꽃_ 4월 26일

돈나무 열매_ 11월 22일

돈나무 새잎_ 3월 30일

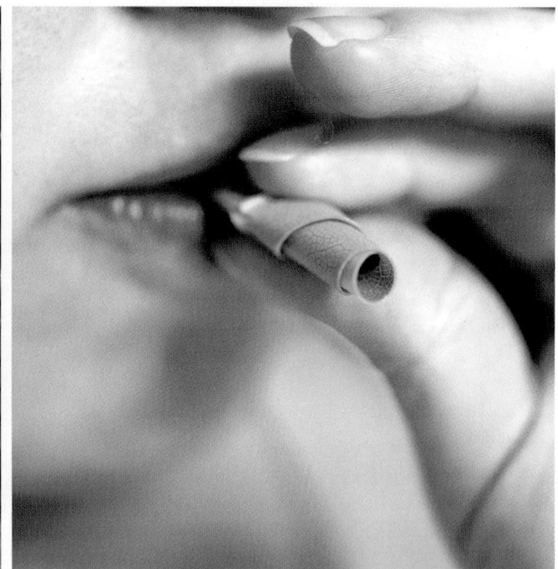

돈나무 잎을 말아 분 풀피리_ 7월 8일

너는 새잎 나는 모습도 꽃 같니!" 돈나무의 매력에 푹 빠진 날이죠.

돈나무는 정원수나 작은 가로수, 바람막이용으로 많이 심어요. 중국, 일본, 타이완에도 자라고요. 돈나무 잎을 말아 풀피리를 불면 소리가 아주 고와요. 이때 잎을 씹거나 먹지 않게 조심해야 해요.

후피향나무 _정원수의 왕자

차나무과

다른 이름 : 목향, 목향나무, 백학과
꽃 빛깔 : 노란빛 도는 흰색
꽃 피는 때 : 7월
크기 : 7m

후피향나무 잎을 볼 때마다 이런 생각이 들었어요. '참 깔끔하네. 빗물에 세수한 것처럼.' 어떤 날은 이런 생각도 했어요. '손질한 흔적이 없는데 다듬어놓은 것 같네.' 그도 그럴 것이 후피향나무는 성장이 매우 느린 편이고, 내버려둬도 단정하게 자라는 성질이 있거든요.

후피향나무는 잎이 반들반들하고 깔끔해요. 모양도, 크기도 알맞아서 뜰에 많이 심는 나무죠. 꽃은 향기가 많이 나요. 꽃이 피면 꿀벌, 호박벌들이 찾아와서 잔치를 벌여요.

후피향나무는 후박나무 껍질 냄새가 나는 나무라는 뜻으로, 후박피향이라 하다가 후피향나무로 변한 게 아닐까 짐작해요. 후피향나무는 전라남도와 경상남도 바닷가 산지, 제주도 해발 700m까지 자라요. 이렇게 자라는 곳이 한정되다 보니 후피향나무를 자생지에서 본 사람이 드물고, 다른 나라에서 들어온 나무로 아는 이가 많죠.

"후피향나무야, 정말 살고 있었구나. 이 땅에!"

바닷가 마을에서 처음 후피향나무를 보고 덥석 안아줬어요. 이 땅에 사는 나무가 반갑고 고마워서요.

후피향나무 꽃이 지면 반들반들한 구슬 같은 열매가 달려요. 꽃받침조각이 다섯 개인데, 마치 작은 인형이 모자를 쓰고 있는 것 같아요. 풀빛일 때도 예쁘고, 열매가 붉어지면 더 귀여워요. 후피향나무는 잎과 꽃, 열매,

후피향나무_ 8월 30일

후피향나무 꽃_ 7월 2일

후피향나무 열매_ 9월 23일

후피향나무 잎_ 8월 30일

나무 모양이 다 아름다워 '정원수의 왕자'라는 별명이 있어요. 덕분에 학교나 관공서, 공원 등에 떡 자리 잡았죠.

후피향나무는 추위에 약해서, 남쪽 바닷가 지역을 벗어나면 보기 어려워요. 추운 곳에서는 온실이나 실내에 심어 가꿔요. 부산에서도 한겨울 추위에 더러 얼어 죽는 나무가 있어요.

모란 _꽃 중의 꽃

작약과

다른 이름 : 목단
꽃 빛깔 : 빨강, 보라, 분홍, 자주, 흰색 등
꽃 피는 때 : 4~5월
크기 : 2m

굵은 뿌리에서 돋아 올라온 싹이 수컷 형상이라고 수컷 모(牡), 꽃이 붉어서 붉을 단(丹)을 쓰고, 모란이라 읽어요. '목단'이라고도 하죠. 꽃이 크고 화려한 모란은 꽃 가운데 꽃이라고 화중왕이라 해요. 그림, 이불, 도자기 등에 넉넉하게 잘 살기 바라는 마음을 담아 모란 무늬를 넣기도 했죠.

모란은 중국 서부가 고향이고, 부귀영화를 상징하는 꽃이라고 오래전부터 우리나라 뜰에 심어 가꿨어요. 모란은 많은 원예종을 개량해서 꽃 빛깔이 여러 가지고, 겹꽃도 있어요. 중국 사람들이 모란을 유난히 좋아해서 중국에는 규모가 큰 모란 공원이 많대요. 모란은 주로 뿌리껍질과 꽃을 약재로 쓰는데, 약재 이름이 목단이에요.

모란이 우리나라에 들어온 건 신라 진평왕 때라고 해요. 우리나라에 없던 꽃과 나무는 언제 들어왔는지 기록이 없는 경우가 더 많아요. 하지만 모란에 대한 기록은 《삼국사기》와 《삼국유사》에 있어요.

선덕여왕이 신라 첫 여왕이 됐을 때, 당나라 태종이 붉은색과 자주색, 흰색 모란 그림 세 점과 씨앗 석 되를 보냈어요. 그런데 화려한 꽃 그림에 벌과 나비가 없었어요. 선덕여왕이 그림을 보고 당 태종이 배필 없는 여왕이 등극한 것을 향기 없는 꽃으로 비유하고, 신라를 업신여겨 보낸 물건이란 걸 알아챘다고 해요.

선덕여왕은 당나라와 다른 나라에 업신여김을 당하지 않고 나라의 힘을

모란_ 4월 29일

모란 꽃과 잎_ 5월 1일

모란 열매_ 5월 10일

모으기 위해 절을 짓고, 향기로울 분(芬), 임금 황(皇), 절 사(寺)를 써서 분황사라 했대요. 이런 사실을 아는지, 모르는지 경주 분황사 뜰에 있는 모란은 향기가 나요. 실제로 모란은 꽃향기가 있고 벌도 날아들죠.

남천 _겨울 잎이 고운 나무

매자나무과

다른 이름 : 남천죽
꽃 빛깔 : 흰색
꽃 피는 때 : 6~7월
크기 : 1~3m

남천은 늘 깔끔하고 예뻐요. 봄에 나는 새잎이 아름답고, 여름에 별 모양 흰 꽃이 모여서 피어요. 가을에 빨갛게 익은 열매는 겨울에도 그대로 있어 무척 아름답고요. 산울타리나 조경수로 많이 심는 나무죠.

남천은 고향이 중국 남부와 일본, 타이완, 유럽, 아메리카 등이에요. 우리나라 중부 지역에 더러 심지만, 겨울에는 얼기도 해요. 따뜻한 곳에서 자라는 나무라, 주로 남부 지역에 심어 가꾸죠.

잎은 늦가을에 천천히 물들어 한겨울이면 꽃인 듯 붉어져요. 겨울에도 떨어지지 않는 잎에 눈이 쌓이면 겨울 정취가 돋보이죠. 마당 있는 집에 살면 심고 싶은 나무 가운데 하나예요.

남천은 '남천죽'이라고도 해요. 남쪽에서 자라고 대나무를 닮았다는 뜻이죠. 뜰에 심는 나무로 손꼽히며, 약용 나무이기도 해요. 잎은 주로 감기나 기침, 백일해 등에 쓰고, 줄기와 잎, 열매가 혈액순환, 피부염, 시력 향상에 좋대요. 민간에서는 남천 가지로 젓가락을 만들어 음식을 먹으면 중풍을 예방한다 하고, 남천 잎을 넣고 지은 밥을 먹으면 흰머리가 검어지고 회춘해 신선이 된다고 성죽(聖竹)이라고도 해요. 횟집에서 생선회 밑에 무채와 남천 잎을 놓은 걸 몇 번 봤어요. 회를 돋보이게 꾸미려는 줄 알았는데, 부패를 막아주고 해독 효과도 있다니 금상첨화죠.

남천_ 9월 26일

남천 꽃_ 6월 28일

남천 열매_ 10월 30일

남천 겨울 모습_ 2월 20일

뿔남천_ 3월 29일

뿔남천 줄기_ 3월 29일

뿔남천

잎 가장자리에 있는 날카로운 톱니가 뿔 같아서 뿔남천이에요. 고향이 타이완이라 '대만뿔남천'이라 하고, '개남천' '대만남천죽' '당남천'이라고도 해요. 키가 2~3m 자라는 늘푸른나무로, 줄기에 코르크층이 발달해요. 꽃은 3~4월에 노란색으로 피고, 열매는 검자주색으로 익어요. 작은잎이 5~8쌍이고요. 중국남천은 작은잎이 긴 타원형이에요.

차나무 _열매와 꽃이 만나요

차나무과

다른 이름 : 실화상봉수
꽃 빛깔 : 흰색
꽃 피는 때 : 8월 말~11월 중순
크기 : 4~8m

숲길로 접어드는데 차나무 꽃이 보였어요. 가을꽃이 지는 때라, 환하게 핀 차나무 꽃이 참말로 반가웠죠. 사진을 찍다 보니 벌들이 이 꽃 저 꽃 자기가 먹을 꿀이라며 침을 바르고 다녔어요. "자슥, 니가 다 먹어라. 나는 눈으로 먹을게." 차나무 밑에 떨어진 씨앗을 몇 알 주웠어요. 한 알 한 알 손에 닿는 느낌이 알차서 좋더라고요.

차나무는 '실화상봉수'라고도 해요. '열매와 꽃이 만나는 나무'라는 뜻이에요. 꽃이 피었는데 금방 열매가 익을 리 없겠죠? 바닥에 떨어진 열매는 지난해에 꽃이 지고 맺은 열매가 해를 넘겨 익은 거예요. 그래서 차나무는 조상과 후손이 만나는 나무라고도 해요. 명절에 지내는 차례는 차나무 잎으로 만든 차를 조상님께 올린 데서 비롯됐어요. 열매와 꽃이 만나는 특성도 있고, 예전엔 차가 그만큼 귀했으니까요.

차는 풀 초(艸)와 남을 여(余)가 합쳐진 말로, '풀잎을 따도 남는다'는 뜻이에요. 잎을 따도 다시 나니까요. 차는 풀처럼 야들야들한 차나무 잎으로 만들죠. 차는 '다(茶)'에서 유래한 말이고, 차와 다는 발음이 다르지만 같은 한자를 써요. 차나무는 한 해에 열 차례 넘게 잎을 따서, 봄 차부터 겨울 차까지 만들 수 있어요.

우리나라에 널리 심는 차나무는 대개 중국에서 들여온 잎이 작은 품종이래요. 김해 장군차는 잎이 넓은 품종인데, 수로왕의 비 허황옥이 인도에

차나무 밭_ 5월 22일

차나무 꽃_ 10월 20일

차나무 열매_ 11월 19일

차나무 씨_ 11월 19일

차나무 잎을 덖어 차를 만든다._ 4월 19일

서 가져온 씨앗을 가락국에 심어 가꾼 거라고 전해져요. 하동과 김해, 보성, 제주에 알려진 차밭이 여러 군데 있어요.

차나무 잎은 녹차와 홍차 등을 만들고, 열매는 기름을 짜요. 목재는 단추를 만들고, 산울타리로 심기도 해요. 요즘은 차나무 잎을 화장품 원료, 아이스크림이나 음식 재료로 다양하게 활용하죠.

"차 한잔합시다." "차 한잔 대접할게요." 이런 말을 다반사로 하죠? 다반사는 '차를 마시고 밥을 먹는 일'이라는 뜻으로, 보통 있는 예사로운 일을 가리키는 말이에요. 어떤 차를 좋아하나요?

동백나무 _꽃이 뚝뚝 떨어져요

차나무과

다른 이름 : 동백, 산다화, 탐춘화
꽃 빛깔 : 붉은색
꽃 피는 때 : 1~4월
크기 : 7m

동백나무는 겨울에도 측백나무처럼 잎이 푸른 나무라는 뜻으로 '동백'이라고도 해요. '산다화'라고도 하죠. 고향은 우리나라와 중국, 일본 등이고, 따뜻한 지역을 좋아해요. 꽃은 겨울부터 봄까지 피어요. 동백나무가 많은 곳을 흔히 동백 숲이라고 하죠. 거제도 갈곶리와 지심도, 여수 오동도, 제주동백마을 등에 동백나무가 숲을 이루며 자라요. 학교나 공원 등에서는 여러 가지 개량 품종을 볼 수 있죠. 흰 꽃이 피는 동백나무는 흰동백나무라 해요.

동백나무는 많은 학교 교화나 교목이기도 해요. 제주 광양초등학교와 남주중학교 교목이 동백나무예요. 금악초등학교 교화는 동백꽃이고요. 동백나무는 7m까지 자라고, 줄기가 굵어요. 땔감이나 다른 이유로 벤 나무는 줄기가 여럿 나와서 자라죠. 그래서 서귀포시 신흥2리 제주동백마을처럼 200~300년 된 동백나무를 보면 더 반가워요. 화려하기보다 수수한 아름다움이 있는 동백 숲에서는 차분해지는 느낌이에요.

아모레퍼시픽이 화장품 원료로 쓰려고 제주동백마을과 계약해서 떨어진 동백꽃과 씨를 사 간대요. 씨는 기름을 짜는데, 생으로 짜면 화장품 재료 등으로 쓰고, 볶아서 짜면 참기름이나 들기름처럼 먹어요.

동백나무는 추울 때 꽃이 피어 사랑받아요. 붉은 꽃잎과 샛노란 꽃술을 보고 새가 찾아와요. 새는 붉은색을 잘 보거든요. 특히 동박새가 자주 오

동백나무_ 2월 7일

동백나무 꽃, 통으로 진다._ 4월 3일

동백나무 열매_ 9월 14일

동백나무 씨_ 9월 29일

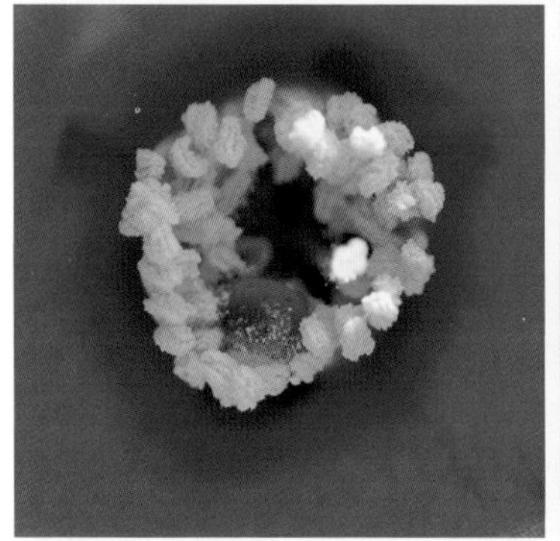
동백나무 꽃꿀_ 4월 14일

동백나무 진 꽃에 있는 꽃꿀_ 4월 14일

동백나무 겹꽃_ 3월 10일

흰동백나무 꽃_ 1월 4일

애기동백나무 분홍색 꽃_ 12월 4일

애기동백나무, 꽃잎이 낱낱이 진다._ 12월 12일

동백나무와 애기동백나무 잎_ 12월 13일

애기동백나무 붉은 꽃_ 12월 12일

는데, 동백꽃 꽃가루받이를 해줘서 동박새라 해요. 새가 꽃가루받이해주는 꽃을 조매화라 하죠. 날이 풀리면 꿀벌도 찾아와서 꿀을 먹어요. 꿀 마다할 꿀벌은 없으니까요.

동백꽃은 질 때 통째로 툭툭 떨어져요. 꽃 아래가 붙어 있는 통꽃이니까요. 동백꽃은 꿀이 많아요. 꽃 안에 젤리처럼 뭉쳐 있다가 이파리에 툭툭 떨어지는데, 이걸 찍어 먹어보면 참말로 꿀맛이에요. 동박새라도 된 듯 기분이 좋아요.

애기동백나무

'애기동백' 혹은 동백나무처럼 '산다화'라고도 해요. 고향이 일본이고, 원예종으로 많이 개량해서 꽃 빛깔이나 모양이 여러 가지예요. 잎이 동백나무보다 작고, 꽃은 11~12월에 피죠. 꽃이 활짝 벌어지고 동백꽃보다 커요. 애기동백나무가 많은 곳은 겨울 관광객이 찾는 사진 명소죠. 애기동백나무는 꽃잎이 낱낱이 떨어져서 동백나무와 달라요.

버즘나무 _줄줄이 사탕 열매

버즘나무과
다른 이름 : 풀라탄나무, 방울나무, 양방울나무, 플라타너스
꽃 빛깔 : 암꽃 연녹색 | 수꽃 검붉은색
꽃 피는 때 : 5월
크기 : 30m

버즘나무는 '플라타너스'라고도 해요. 플라타너스(platanus)는 '넓은'이라는 뜻이 있는 플래티(platy)에 뿌리를 둔 말이죠. 버즘나무 잎이 어른 손바닥만큼 크고 넓거든요. 버즘은 백선균 때문에 피부가 얼룩얼룩해지는 버짐을 말하고요. 나무껍질이 조각조각 떨어지며 얼룩얼룩하게 무늬가 생겨서 버즘나무라 해요. 북녘에서는 열매 모양을 보고 '방울나무'라 하죠.

강원도 양양에 있는 현북초등학교와 원주에 있는 호저초등학교 교목이 플라타너스예요. 두 학교에 있는 나무가 버즘나무든, 양버즘나무든 학교에 큰 나무가 있다는 게 좋아요. 경상북도 영천에 있는 임고초등학교에 가면 커다란 양버즘나무가 운동장 가에 늘어섰어요.

얼마 전에 코로나19 때문에 현장학습을 나가지 못한 현북초등학교 학생들이 나무 타는 모습을 봤어요. 나무에 단 노끈 매듭을 타고 올라가는 활동인데, 트리 클라이밍(tree climbing)이라고도 하죠. 전문가와 선생님 지도로 안전하게 나무에 올라간 아이들 낯빛이 큰 선물을 받은 것 같았어요. 큰 나무는 아이들한테 용기를 주고, 추억을 주고, 그곳에 서 있기만 해도 두고두고 힘이 되죠.

버즘나무나 양버즘나무는 가지치기해도 쑥쑥 잘 자라요. 어릴 때 다니던 초등학교에 양버즘나무가 있었어요. 열매가 익으면 따거나 주워서 동무들과 놀았어요. 양버즘나무 열매로 세게 맞으면 정말 아픈데, 왜 그러고

버즘나무_ 8월 30일

버즘나무 열매, 2~6개씩 꿰어 달린다._ 8월 16일

양버즘나무 열매_ 1월 8일

양버즘나무_ 11월 12일

놀았는지 참…. 그러면서 배운 것도 있어요. 머리에 탁 맞으면 열매가 터져서 씨가 이리저리 흩어졌어요. 동그란 열매 속에 그 많은 씨앗이 든 걸 그때 알았죠.

버즘나무 고향은 서아시아, 양버즘나무는 아메리카 동부예요. 버즘나무 열매는 열매자루에 2~6개씩 꿰어 달리고, 양버즘나무는 가지 끝에서 열매자루 하나에 하나씩 달려요. 버즘나무는 잎 가장자리에 톱니가 고르고 많은 편이며, 턱잎이 1cm 이하로 작아요. 양버즘나무는 잎몸이 3~5개로 갈라지고, 잎 가장자리에 톱니가 드문드문 있거나 밋밋하며, 턱잎이 2cm 넘게 커요. 버즘나무는 잎이 세로로 긴 편이고, 양버즘나무는 옆으로 긴 편이고요. 드물게 보이는 단풍버즘나무는 잎이 단풍잎처럼 5~7개로 깊게 갈라져요.

수국 _비단으로 수놓은 꽃

범의귀과

다른 이름 : 분수국, 수구화, 팔선화
꽃 빛깔 : 하늘색, 연붉은색
꽃 피는 때 : 6~7월
크기 : 1~2m

수국은 학교와 공원, 관공서, 절, 교회 등에서 흔히 볼 수 있어요. 요즘은 관광지에도 많이 심어서, 꽃이 피면 삼삼오오 모여 사진을 찍죠. 카페와 식당에 탐스럽게 핀 수국 꽃이 손님을 부르고요. 수국은 녹색 닮은 줄기가 여러 개 올라와 포기를 이루며 자라요. 언뜻 보면 나무가 아니라 풀 같기도 해요. 두껍고 큰 잎은 가장자리에 톱니가 있어요.

수국은 중국이 고향이지만, 일본에서 개량한 원예종이 많아요. 꽃을 탐스럽게 피우려고 암술과 수술은 퇴화시켜 보이지 않게 하고, 씨를 맺을 수 없는 수국을 만들었죠. 꽃은 더워지는 6~7월에 줄기 끝에 공 모양으로 모여서 피고, 꽃가지 하나가 신부가 드는 부케만 해요. 사람 얼굴만 한 꽃도 있어서, 꽃꽂이 재료나 실내를 꾸밀 때 쓰고요.

수국은 꽃 빛깔이 가지가지예요. 흙 성분에 따라 꽃 빛깔이 조금씩 달라진다니 신기하죠. 흙이 산성일 때는 푸른색을 더 띠고, 알칼리성일 때는 붉은색을 더 띠는 성질이 있어요. 원하는 색이 있으면 흙에 첨가제를 넣어 꽃 색을 바꿀 수 있대요.

수국의 한자 이름 수구화(繡毬花)는 '비단으로 수놓은 것 같은 둥근 꽃'이라는 뜻이에요. 찬찬히 보면 정말 꽃 색이 비단결 같은 느낌이 들어요. 수구화가 수국화로, 다시 수국으로 변하지 않았나 짐작해요.

수국은 꽃잎처럼 보이는 게 꽃가루받이하지 않는 무성꽃이라, 줄기를

수국_ 6월 29일

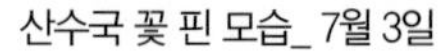
산수국 꽃 핀 모습_ 7월 3일

산수국, 꽃 진 뒤 무성꽃이 뒤집어진다._ 9월 26일

잘라서 흙에 꽂아 뿌리 내리게 하는 꺾꽂이로 번식해요. 겨울에 줄기 윗부분이 죽기도 하는데, 이걸 잘라내면 거기서 가지가 나와요. 가슴이 두근거리거나 열이 날 때, 심장이 약한 데 수국 꽃과 잎, 뿌리를 약재로 써요. 부산 영도 태종사, 제주도 종달리해안도로와 위미리 수국길, 안덕면사무소, 혼인지 등은 둘레에 수국 꽃이 아름답죠. 우리나라 산에는 산수국, 등수국, 바위수국 들이 절로 자라요. 제주 사려니숲길은 산수국이 아름다워요.

산수국

산에서 물기 있는 곳을 좋아해요. 우리나라 중부 이남 산기슭에서 자라는 나무죠. 가운데는 꽃가루받이하는 자잘한 유성꽃, 바깥쪽에는 꽃잎처럼 보이는 무성꽃이 여름에 피어요. 작은 나비들이 꽃 가운데로 모여드는 듯 보이기도 하죠. 흙 성분에 따라 푸른색, 보라색, 분홍색 꽃이 비슷하면서도 조금씩 다르게 피어요. 무성꽃은 곤충을 불러 모으고, 꽃가루받이한 무성꽃은 뒤집어져요.

"나는 혼인한 아줌마 꽃이니 싱싱한 꽃으로 가."

꿀벌한테 신호를 보내는 셈이죠. 산수국은 경제적으로 꽃가루받이할 수 있어 좋고, 곤충은 헛수고하지 않아서 좋은 자연 신호등이에요.

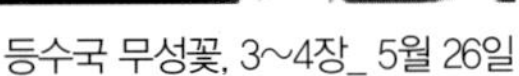
등수국 무성꽃, 3~4장_ 5월 26일

바위수국 무성꽃, 1장_ 5월 22일

바위수국 꽃 핀 모습_ 5월 22일

등수국

등나무처럼 덩굴로 길게 뻗는 수국이라고 등수국이에요. '넌출수국'이라고도 해요. 울릉도와 남쪽 섬, 제주도 해발 1700m 이하 산기슭에서 볼 수 있어요. 줄기가 길이 20m 정도로 뻗는데, 공기뿌리를 내어 바위나 나무에 붙어서 자라요. 꽃은 5~6월에 가지 끝에서 피고, 지름 10~20cm 꽃차례로 달려요. 가운데는 꽃가루받이하는 작은 유성꽃, 가장자리에는 곤충을 불러 모으는 무성꽃이 3~4장 피어요. 잎은 바위수국보다 톱니가 작고 고르며, 암술대가 보통 두 개예요.

바위수국

바위를 잘 타고 올라가서 바위수국이에요. 나무도 잘 타고요. 생긴 모양과 사는 모습이 등수국과 닮았어요. 우리나라에는 울릉도, 제주도 해발 800m 이하 등에서 자라는 덩굴나무죠. 줄기가 길이 10m까지 뻗고, 공기뿌리를 내어 붙어서 자라요. 넓은 달걀모양 잎이 마주나고, 날카로운 톱니가 있어요. 꽃은 5~6월에 지름 10~20cm 꽃차례로 달려요. 가운데는 유성꽃, 바깥에는 무성꽃 한 장이 피어요. '바위 한 개'를 떠올리며 등수국과 구별해요. 바위수국은 암술대가 한 개예요.

조팝나무 _싸락눈 같은 꽃

장미과

다른 이름 : 홑조팝나무, 싸리꽃, 싸리나무
꽃 빛깔 : 흰색
꽃 피는 때 : 4월 말~5월
크기 : 1.5~2m

자잘한 꽃이 좁쌀을 튀긴 것 같다고 조팝나무라 해요. 조에서 난 양식이 좁쌀이죠. 경상도에서는 하얗고 자잘한 꽃이 싸락눈이 내린 것 같다고 '싸리나무' '싸리꽃'이라 해요. 함박눈과 달리 쌀알처럼 알갱이가 있는 싸락눈을 경상도에서 싸리눈이라고 하거든요.

학교 오가는 길에 조팝나무 꽃이 피면 꽃줄기를 꺾어서 선생님 책상에 꽂아드렸어요. 꽃병이 없어 음료수 병에 몇 줄기 꽂으면 교실도, 맘도 환했죠. 지금 생각하면 어릴 때 어떻게 그랬나 싶어요. 언니들을 보고 따라 했을 거예요. 며칠 지나면 싸락눈이 내린 듯 꽃잎이 책상에 하얗게 떨어졌어요. "이제 보낼 때가 됐네" 하며 가지를 꽃밭 한쪽에 꽂아뒀어요. 운이 좋아 봄비라도 내리면 한두 가지는 살기도 하더라고요.

조팝나무 꽃이 피면 산자락이 환해요. 앞산도 뒷산도 야리야리한 봄빛이 한창인데, 강아지처럼 졸래졸래 뛰어다니고 싶어요. 낭창낭창한 가지마다 흰 꽃이 피면 봄 풍경화를 펼쳐놓은 느낌이거든요. 귀엽고 사랑스런 조팝나무는 뜰이나 산울타리에 심기도 해요.

조팝나무는 쓰임도 좋아요. 《동의보감》에 조팝나무 뿌리는 '상산' '촉칠근'이라 해서 말라리아를 낫게 하고, 가래를 토하게 하고, 열이 심하게 오르내릴 때 치료하는 약재라고 나와요. 《조선왕조실록》에 일본 사신이 상산을 궁중에 바쳤다는 기록이 있고요. 북아메리카 인디언도 말라리아에

조팝나무 꽃 핀 풍경_ 4월 21일

조팝나무 꽃_ 4월 18일

조팝나무 잎_ 4월 14일

산조팝나무 꽃_ 5월 8일

산조팝나무 잎_ 5월 15일

긴잎조팝나무_ 4월 27일

참조팝나무_ 7월 23일

일본조팝나무_ 5월 27일

걸리거나 구토할 때, 열이 많이 날 때 민간약으로 조팝나무 뿌리나 줄기를 썼대요. 아스피린 원료를 추출하는 버드나무처럼 조팝나무에도 같은 성분이 있다고 해요. 한반도에서는 함경북도를 빼고 고루 자라는 나무라 더 고맙죠. 중국, 일본, 타이완 등에도 있어요.

조팝나무 종류는 산조팝나무, 긴잎조팝나무, 꼬리조팝나무, 참조팝나무, 일본조팝나무 등이 있어요. 겹꽃으로 개량한 품종도 있고요.

황매화 _노란 꽃단추

장미과
다른 이름 : 봉당화, 수중화, 죽도화, 지당, 체당화
꽃 빛깔 : 노란색
꽃 피는 때 : 4~5월
크기 : 1.5~2m

봄꽃이 여기저기 피어날 때 줄기가 녹색인 나무에 노란 꽃이 피었어요. 황매화는 주로 학교, 공원, 마당 가, 절 등에 심어 가꾸는 꽃나무죠. 어릴 때 이웃집 울타리가 황매화였는데, 봄이면 낭창낭창하게 늘어진 가지에 꽃단추 같은 꽃이 줄줄이 피었어요. 매화를 닮은 노란 꽃이 핀다고 황매화라 해요. 꽃이 예뻐서 선생님 책상에 꽂아드리기도 했죠.

황매화는 줄기가 녹색인 게 신기했어요. 가지가 촘촘하다 보니 참새가 마당에 내려오기 전에 들르기도 하더라고요. 꽃과 잎, 가지를 모두 약으로 써요. 꽃은 차를 만들기도 하고, 꽃전도 부쳐 먹어요.

옛날 바닷가 마을에 황 부자가 살았어요. 황 부자한테는 어여쁜 딸이 하나 있는데, 가난한 집 총각하고 사랑에 빠졌어요. 황 부자는 혼인을 반대했고, 총각은 돈을 벌러 가기로 했어요. 처녀와 총각은 헤어지기 전에 손거울을 반으로 쪼개 한 조각씩 가졌어요. 총각이 떠난 뒤 처녀한테 반한 도깨비가 처녀를 외딴 동굴에 가두고 가시덩굴을 심었어요.

이 소식을 들은 총각이 처녀를 찾아 동굴로 갔지만, 가시덤불 때문에 들어갈 수가 없었어요. 총각 목소리를 듣고 나온 처녀도 가시덤불이 막아 손잡을 수도, 안아볼 수도 없었죠. 눈물을 흘리던 처녀가 가시덤불 틈새로 거울을 내밀었어요. 총각도 품에서 거울을 꺼내 맞댔고, 거울에 모인 햇빛줄기가 굴 안에 있던 도깨비를 비췄어요. 도깨비는 눈이 타서 고통스럽게

죽단화_ 5월 2일

죽단화, 겹꽃_ 8월 22일

황매화, 홑꽃_ 4월 4일

황매화 잎_ 5월 27일

뒹굴다 죽고 말았어요. 그러자 마법이 풀려 가시는 사라지고, 그곳에 노란 꽃이 피어났어요. 사람들은 이 꽃을 황매화라 하고, 처녀와 총각은 행복하게 살았죠. 황매화랑 닮았는데 겹꽃이 피는 죽단화도 있어요.

해당화 _해변의 장미

장미과

다른 이름 : 때찔레, 매괴, 해당, 해당나무, 수화, 월계, 필두화
꽃 빛깔 : 진분홍색
꽃 피는 때 : 5~7월
크기 : 1.5m

해당화 피고 지는 섬마을에…

가요 '섬마을 선생님' 노랫말이죠. 해당화는 바닷가 모래땅을 좋아하는 나무예요. 영어 이름은 비치로즈(beach rose), '해변의 장미'라는 뜻이고요. 주로 함경도, 황해도, 충청남도, 강원도, 경상북도 등 바닷가에서 자라요.

해당화는 꽃이 크고 아름답고, 열매가 익으면 반들반들하고 예뻐서 눈길이 가요. 어릴 때 해당화 열매를 따서 학교에 들고 오는 동무가 있었어요. 동무랑 열매를 쪼개서 속에 든 씨를 파내고 수돗물에 씻어 먹었어요. 속을 파내다 얼굴이라도 만지면 씨랑 같이 든 깔끄러운 털 때문에 근질거렸어요.

꽃은 향기가 아주 좋아서 향수 원료로 써요. 장미꽃보다 향기가 오래가서 좋은 값을 받죠. 꽃과 열매는 술을 담그거나 약으로 써요. 꽃은 매괴화, 꽃에서 뽑은 증류액은 매괴, 열매로 담근 술은 매괴주라 해요. 우리 조상은 해당화를 시나 그림, 노랫말 소재로도 많이 썼어요.

옛날 바닷가 마을에 수동이라는 총각이 홀어머니와 살았어요. 수동이는 어머니가 좋아하는 정어리를 잡으러 바다로 갔다가 파도에 휩쓸리고 말아요. 그때 용왕의 막내 공주가 수동이를 살렸어요. 공주는 효심이 깊은 수동이한테 반해서, 정어리를 대신 잡아주고 부부가 됐죠. 그 뒤 바다에서는

해당화_ 5월 13일

해당화 열매_ 7월 2일

해당화 잎_ 5월 13일

해당화 꽃봉오리_ 4월 28일

날마다 파도가 세게 일었어요. 용왕이 용궁으로 돌아오지 않는 공주한테 화가 나 파도를 일으켰거든요.

공주는 수동이를 두고 용궁에 갈 수 없었어요. 수동이랑 살게 해달라고 빌었지만 소용없었어요. 며칠째 사납던 파도가 잠잠해졌어요. 고기를 잡으러 바다로 나간 수동이는 돌아오지 않았어요. 그러던 어느 날, 수동이 신발이 바닷가로 밀려왔어요. 공주는 신발을 부둥켜안고 울고 또 울었어요. 파도가 일렁이더니 용왕이 나타났어요. "딸아, 돌아가자. 네 남편은 파도에 쓸려 목숨을 잃었다." 공주는 그만 정신을 잃고 다시 일어나지 못했어요. 그 뒤 공주 무덤에 크고 붉은 꽃이 피었어요. 수동이를 기다리듯 바다를 향해 핀 해당화예요.

장미 _가시울타리에 피는 꽃

장미과

다른 이름 : 덩굴찔레, 덩굴장미
꽃 빛깔 : 빨강, 분홍, 노랑, 흰색 등
꽃 피는 때 : 5월
크기 : 0.3~1.2m

야생 장미는 대개 북반구에서 온대와 아한대 지역에 자라요. 야생 장미 사이에서 생긴 중간종이나 개량종을 향료와 약용으로 재배하다가, 관상용으로 개량한 원예종을 뭉뚱그려 장미라 해요. 경상남도를 상징하는 도화가 장미예요. 창녕 대지초등학교를 비롯해 교화나 교목이 장미인 학교도 많아요. 장미는 '꽃 중의 꽃' '5월의 여왕'이라고 하죠. 장미 장(薔)에 장미 미(薇)를 쓰는데, 명나라 이시진은 《본초강목》에서 '담장에 기대어 자라는 나무'라고 담 장(牆), 장미 미(薇)를 썼어요.

학교 울타리에 장미가 피면 학교와 마을이 다 환해요. 꽃이 아름답기로 둘째가라면 서러운 장미는 줄기에 날카로운 가시가 있어요. 목동이 장미 가시를 보고 가시철망을 발명해서 부자가 되기도 했어요. 울타리를 넘어가는 양들이 장미가 자라는 곳으로 가지 않는 걸 눈여겨본 목동은 가시 때문이란 걸 알았죠. 그래서 철사에 장미 가시를 닮은 날카로운 철사를 감아 가시철망을 만들었어요.

장미는 서아시아 야생 장미와 유럽산 야생 장미를 교잡하고, 거기서 또 품종을 개량해 종류가 많아요. 빨강, 분홍, 노랑, 흰색 등 꽃 빛깔도 가지가지예요. 겹꽃도 있고, 홑꽃도 있어요. 흔히 흑장미라 하는 장미는 짙은 빨강이고, 검은 장미는 없어요.

지금 세계에 장미 품종이 7000종이나 있고, 해마다 200종이 넘는 새 품

장미 품종_ 5월 17일

장미 꽃차 만들기_ 6월 20일

장미 품종_ 10월 30일

장미 품종 열매_ 10월 10일

장미 품종 가시_ 1월 19일

종을 만든다니 인기가 대단해요. 줄기가 자라는 모습에 따라 덩굴장미와 나무 장미로 구분하기도 해요. 요즘은 여러 곳에서 장미 축제가 열리죠.

장미는 꽃이 아름답고 향기가 좋아, 향수 원료나 화장품 재료 등으로 써요. 장미 향수는 이름났어요. 향기 나는 기름을 얻으려고 재배하는 장미는 따로 있대요. 그 하나가 다마스크로즈인데 오일과 향수, 화장품 등에 써요. 분홍 겹꽃이 피는 장미예요.

장미꽃은 잼과 차를 만들기도 해요. 새벽에 이슬 머금은 꽃잎을 모셔서 설탕과 함께 끓이면 잼, 열에 건조해서 덖으면 차가 되죠. 진달래처럼 꽃전을 굽기도 해요. 찔레꽃을 먹는 것처럼 장미꽃도 먹을 수 있어요. 물에 꽃잎을 넣고 얼려서 음료에 띄워도 좋아요.

살구나무 _살구꽃이 피면 밖에서 공부해요

장미과
다른 이름 : 살구
꽃 빛깔 : 연붉은색
꽃 피는 때 : 4월 중순
크기 : 5m

어릴 때 뒷집에 살구나무가 많았어요. 봄이면 살구꽃이 곱게 피었고, 여름이면 울타리 사이로 팔을 뻗어 떨어진 살구를 주워 먹었죠. 살구는 익으면 쉽게 갈라져요. 달콤한 과육은 먹고, 씨는 모아서 공기놀이했어요. 요즘은 공원이나 학교에 살구나무가 있어도 살구를 따거나 주워 먹는 사람이 별로 없어요. 떨어진 살구는 개미가 와서 맛있게 먹어요.

나의 살던 고향은
꽃 피는 산골
복숭아꽃 살구꽃
아기 진달래

이원수 선생님이 쓴 동시 '고향의 봄' 일부죠. 동요 노랫말이기도 하고요. '고향의 봄'은 우리나라 사람들이 아리랑만큼이나 잘 부르는 노래예요. 살구나무 고향은 중국이지만, 우리나라에 오래전부터 심어 가꾸다 보니 이원수 선생님도 저도 고향에서 살구나무를 보고 자랐어요.

살구나무는 공자가 제자를 가르친 곳에 많았고, 날씨가 좋으면 살구나무 아래서 제자들을 가르쳤다고 해요. 지금도 학문을 가르치는 곳을 살구나무 행(杏), 단 단(壇)을 써서 행단이라 하죠. 행(杏) 자가 은행나무에도

살구나무 꽃 핀 모습_ 3월 27일

살구나무 꽃_ 3월 8일

살구나무 꽃, 꽃받침이 젖혀진다._ 3월 17일

살구나무 꽃꿀을 먹는 동박새_ 3월 18일

살구나무 열매, 살구_ 6월 6일

살구나무 잎자루 꽃밖꿀샘_ 6월 6일

들어가요. 은행나무 씨가 은빛이고, 살구씨를 닮아서 은행나무라 해요. 행단이란 말이 우리나라에 전해지면서 살구나무가 은행나무로 바뀌었어요.

살구나무든 은행나무든 우리 아이들이 가끔 나무 곁에서 공부할 수 있으면 좋겠어요. 살구꽃이 필 때, 은행잎이 노랗게 물들 때 아이들이 나무 밑에 있으면 얼마나 행복할까요? 설레서 공부가 되겠냐고요? 어때요, 공부보다 좋은 걸 배울 텐데요.

옛날 중국 오나라에 동봉이란 명의가 가난한 환자를 치료하고 살구나무를 심게 했어요. 어느새 살구나무가 숲을 이뤘고, 살구가 익으면 내다 팔아 가난한 사람을 구했죠. 그래서 참다운 의술을 펴는 의원을 '살구나무 숲'을 뜻하는 행림이라 했어요. 한방에서 '행인'이라 하는 살구씨는 기침과 천식, 변비 등을 치료하는 약으로 써요. 살구씨 기름은 화장품과 비누 재료로 쓰고, 살구나무로 만든 목탁과 다듬잇돌은 소리가 좋대요.

매화랑 많이 닮은 살구꽃은 매화가 질 무렵에 피고, 활짝 피면 꽃받침이 젖혀져요. 매화는 꽃받침이 꽃을 받쳐주고요. 살구는 익으면 씨가 과육과 잘 분리되고, 매실은 씨에 과육이 붙어 있어요.

매실나무 _홍매는 뭐고 청매는 뭐예요?

장미과

다른 이름 : 매화, 매화나무
꽃 빛깔 : 흰색, 연붉은색
꽃 피는 때 : 3~4월
크기 : 4~6m

바깥이 온통 눈 세상이에요. 눈이 귀한 남쪽 지역에서 봄이 오는 길목에 함박눈이 내렸어요. 눈 구경을 하다가 화들짝 놀랐어요. 꽃이 활짝 핀 매실나무랑 산수유가 생각났거든요.

"추워서 꽁꽁 얼면 어쩌지?"

후다닥 뛰어나갔어요. 매실나무 꽃인 매화는 눈을 뒤집어쓰고도 은은한 향기를 뿜었어요.

"장하다, 매화야. 넌 매화 중에도 으뜸인 설중매야."

설중매는 '눈 속에 핀 매화'를 말해요. 드물게 귀하다고 그리 부르죠. 꽃이 핀 뒤에 눈이 와도 설중매라 해요. 술 이름이라고 박박 우겨도 맞는 말이고요. 매실로 만든 술이 설중매라는 이름으로 팔리니까요.

섬진강 가에 있는 광양 매화마을과 양산 원동 매화마을을 비롯해 매실나무가 있어 봄 풍경이 환한 곳이 많아요. 매실나무 열매는 매실이에요. TV 드라마 〈허준〉에서 전염병이 퍼져 수많은 백성이 죽어갈 때 매실즙으로 치료한 장면이 나온 뒤, 매실 효능이 더 알려졌어요.

도산서원 매실나무에는 이런 이야기가 전해와요. 퇴계 이황이 단양군수일 때, 관기(官妓) 두향이 선생을 사모했어요. 하지만 퇴계 선생은 풀 먹인 안동포처럼 처신이 빳빳했대요. 어찌어찌 퇴계 선생이 매화를 좋아하는 걸 안 두향이 매화분을 선물했고, 선생은 꽃이야 어떻겠냐며 받았어요.

매실나무 꽃 핀 풍경_ 3월 13일

매실나무 꽃_ 3월 1일

매실나무 열매, 매실_ 5월 11일

설중매(꽃+눈)_ 3월 10일

꽃받침이 붉은 매화_ 3월 8일

꽃받침이 푸른 청매_ 2월 23일

꽃잎이 붉은 홍매_ 3월 12일

퇴계 선생은 단양을 떠날 때 도산서원에 그 매화분을 가져갔어요. 두 사람은 그 뒤 만나지 못했지만, 퇴계 선생은 도산서원에 매실나무를 심고 사랑을 쏟았어요. 선생은 숨을 거두기 전에도 "매화에 물을 주어라"라고 했다죠. 매화를 소재로 시를 많이 써서 《매화시첩》이란 책도 냈어요. 도산서원에 있는 매실나무는 두향이 선물한 나무 후손이라고 해요. 매화는 난초, 국화, 대나무와 함께 사군자로 예부터 고결함을 상징하는 그림이나 시의 소재로 썼죠.

언젠가 도서관 앞 공원에서 매화를 보는데, 사서 선생님이 물었어요. "홍매는 뭐고 청매는 뭐예요?" 둘 다 매화인데 꽃받침이 붉으면 매화, 꽃받침이 파름하면 청매라고 대답했죠. 또 꽃잎이 붉으면 홍매, 꽃잎이 여러 겹이면 앞에 만첩을 붙이면 된다고요. 사서 선생님은 "이제 매화가 피면 어렵고도 간단한 걸 사람들한테 아는 척할 수 있어요"라며 좋아했어요.

복사나무 _무릉도원이 있나요?

장미과

다른 이름 : 복숭아나무, 복사
꽃 빛깔 : 연분홍색
꽃 피는 때 : 4월 중순~5월 초
크기 : 높이 6m

'복숭아나무'라고도 해요. 열매는 복사 혹은 복숭아, 꽃은 복사꽃이라 하죠. 잎 아래와 잎자루에 꽃밖꿀샘(377쪽 참조)이 있어서 개미나 작은 곤충이 찾아와요. 여름에 익는 복숭아는 달고 살이 연하고 향긋해요. 통조림, 주스, 잼을 만들기도 하죠.

복사나무 고향은 중국 서북부 해발 600~2000m 고원지대로, 오래전부터 품종을 개량해 재배한 것으로 알려져요. 이 복사나무가 페르시아(이란 남부)로, 다시 유럽으로 전해졌대요. 맛있고 돈이 되는 복사나무 품종이 우리나라에 들어온 건 서구 문화가 들어왔을 때라고 해요.

복숭아에 얽힌 서왕모와 천도복숭아 전설이 있어요. 서왕모가 하늘에서 가져온 복숭아 30개를 한나라 무제에게 바쳐요. 맛있게 먹은 무제가 복숭아씨를 심으려 하니 서왕모가 말렸어요. "이것은 천도, 즉 하늘나라 복숭아이기 때문에 땅에는 심을 수 없고, 하나를 먹으면 1000년을 산답니다." 그 말을 들은 동방삭이 몰래 천도 세 개를 훔쳐 먹고 삼천갑자나 살았다는 이야기가 전해져요.

예부터 복숭아는 장수 음식으로 여겼어요. 아기 돌 반지에 새긴 복숭아 무늬도 장수를 기원하는 뜻이 담긴 디자인이죠. 복사나무가 귀신을 쫓는다고 해서 집 안에 심지 않았고, 차례나 제사 지낼 때도 복숭아는 상에 올리지 않아요.

복사나무_ 4월 9일

복사나무 열매, 복숭아_ 8월 13일

산복사나무_ 4월 2일

산복사나무 꽃_ 4월 8일

산복사나무 열매_ 5월 25일

산복사나무 꽃밖꿀샘에서 꿀을 먹는 개미_ 6월 5일

우리나라에 자라는 산복사나무는 열매가 길이 3cm 정도로 작아요. 먹을 게 별로 없어서 '돌복숭아'라고도 해요. 대신 약으로 널리 써요.

> 두류산 양단수를 예 듣고 이제 보니
> 도화 뜬 맑은 물에 산영조차 잠겼어라
> 아이야 무릉이 어디뇨 나는 옌가 하노라

남명 조식 선생이 쓴 시조 '두류산가'예요. 두류산은 지리산의 옛 이름이죠. 산복사나무 꽃이 피면 덕천강에 비쳐 무릉도원처럼 아름답고 평화로웠나 봐요. 무릉도원은 중국 도연명이 쓴 〈도화원기〉에 나오는 이상향이에요. 어부가 복사꽃이 핀 숲속 물길을 따라갔다가 평화롭고 아름다운 별천지를 만났고, 그곳 사람들은 세상과 끊어진 채 수백 년을 살아왔다는 말을 들어요. 어부가 돌아와 다시 가려 해도 찾을 수 없었죠. 그래서 복사꽃이 핀 아름다운 그곳을 상상 속 세계로 여기고 무릉도원이라 했어요.

자두나무 _씨앗 피리 만들까?

장미과

다른 이름 : 자도나무, 오얏나무
꽃 빛깔 : 흰색
꽃 피는 때 : 4월
크기 : 10m

가족 숲 교육을 하는데, 범호가 파릇파릇한 자두를 꺼냈어요. 할머니 집에서 딴 거래요. 수아가 자두를 집어 들며 고개를 갸웃했어요.

"이거 덜 익은 자두잖아?"

그러자 범호가 말했어요.

"이 자두는 파래도 엄청 달아."

한 입 베어 먹으니 정말 달고 맛있었어요. 수아도 먹어보더니 맛있대요. 병락이는 시다고 눈을 찡그렸어요.

"범호야, 자두가 달리는 자두나무는 어떻게 생겼어?"

수아가 물었어요.

"자두나무는… 음, 살구나무 닮았어."

"그럼 살구나무는 어떻게 생겼어?"

"살구나무는 벚나무 닮았어."

수아가 알아들었을까 궁금했는데, 고개를 끄덕끄덕하지 뭐예요. 1학년 눈높이는 이렇게 맞추는구나 싶었어요. 자두를 먹고 씨를 뱉다가 씨앗 피리가 생각났어요.

"우리, 자두 씨는 버리지 말고 씨앗 피리 만들어볼까?"

병락이가 자두를 하나 더 집더니, 여전히 눈을 찡그리면서 먹고는 씨를 거친 바위에 갈았어요.

자두나무 꽃 핀 모습_ 4월 7일

자두나무 꽃_ 4월 9일

자두 품종 풋열매_ 5월 28일

자두 품종_ 7월 27일

자두 품종_ 6월 17일

자두 씨앗 피리_ 8월 29일

“속이 보일 때까지 갈아야 해. 하얀 속이 쌀알만큼 보이면 이쑤시개로 속을 파내면 끝.”

한참 뒤 휘이이 휘이이, 호이이 호이이, 휘파람 소리 같기도 하고, 새 소리 같기도 하고, 바람 소리 같기도 한 소리가 났어요. 매실, 무환자, 살구, 은행, 복숭아로도 씨앗 피리를 만들 수 있어요. 씨를 사포로 갈아도 돼요. 범호 덕에 다 같이 자두 씨 피리를 불어본 날이에요.

자두는 모양도, 크기도, 색도 가지가지예요. 이런 자두는 1920년쯤 서양에서 들어온 개량종으로 보면 돼요. 아주 오래전 중국 쪽에서 들어온 재래종 자두는 풋대추만 한데, 요즘은 보기 드물어요. 재래종 자두가 자줏빛이고 모양이 복숭아를 닮아서 자도(紫桃)라 하다가 자두가 됐대요. 자두는 우리말로 ‘오얏’, 자두나무는 ‘오얏나무’라 하죠. 4월에 흰 꽃이 피는데, 벚꽃보다 작아요. 꽃받침과 꽃자루에 녹색이 돌아서, 멀리서 보면 희고도 파르스름해요.

왕벚나무 _내 고향은 제주도

장미과

다른 이름 : 벚나무
꽃 빛깔 : 흰색, 연붉은색
꽃 피는 때 : 3월~4월 중순
크기 : 15m

벚나무 종류의 꽃을 벚꽃이라 해요. 벚꽃이 피면 도시든, 시골이든, 공원이든, 연못가든 환한 꽃물결이 출렁이죠. 꽃에는 꿀벌이, 나무 아래는 사람이 모여들어요. 벚꽃은 일본이 좋아하는 꽃이라고 한때 불편하게 여기는 일이 많았어요. 벚꽃은 일본 국화가 아니라 일본 사람이 벚꽃 놀이를 좋아할 뿐이에요.

1908년 프랑스 선교사 에밀 타케 신부가 한라산 해발 600m 지점에서 채집한 나무 표본을 독일 식물학자 케네(Bernhard Adalbert Emil Koehne) 박사한테 보냈고, 왕벚나무로 확인받았어요. 그동안 왕벚나무는 일본 자생설과 제주도 자생설이 분분했지만, 원산지 조건이 맞는 곳을 어느 곳에서도 찾지 못하고 시간이 흘렀죠.

자생지는 1962년 4월, 한라산에서 찾았어요. 초등학교 교사이며 식물학자인 부종휴 선생과 박만규 박사가 이끈 제주도 식물조사단 56명이 수악 서남쪽과 봉개동에서 왕벚나무 자생지를 발견한 거예요. 그 뒤 제주도가 왕벚나무 자생지라는 게 널리 알려졌고, 제주 관음사 둘레와 어승생악에서도 왕벚나무 자생지를 찾았어요. 일본은 이런 조건이 맞는 곳이 없어서, 왕벚나무는 세계적으로 제주도에만 자생하는 특산 식물로 알려지고 있어요. 왕벚나무는 한라산 해발 500~900m에 주로 자라요.

봉개동 왕벚나무 자생지_ 3월 26일

왕벚나무에 온 동박새_ 3월 31일

벚나무 열매, 버찌_ 5월 28일

식물이 처음 유래한 곳을 원산지라고 해요. 원산지가 어디인지 정하려면 식물이 저절로 자라는 땅인 자생지를 증명해야 하는데, 다음 조건이 모두 맞아야죠.

1. 자연 상태에서 자라고 있어야 한다.
2. 개체 수가 많아야 한다.
3. 형태적 변이가 다양해야 한다(오래 자생한다는 증거가 된다).
4. 다양한 나이 개체가 고루 있어야 한다.
5. 비슷한 종이 여럿 있어야 한다(한 조상에서 분화해 긴 시간 진화한 증거가 된다).

창원시 진해구에서는 벚꽃이 피면 군항제를 해요. 한때 이곳 벚나무는 일제강점기에 진해에 군항을 만들면서 심은 일본 나무라고 모두 베일 위기에 처했어요. 베어낸 나무도 있고요. 제주도가 왕벚나무 원산지라는 게 확인되면서 진해구는 벚꽃 도시로 거듭났죠.

벚나무 종류는 버찌가 달리는 나무라고 버찌나무라 하다가 벚나무가 됐

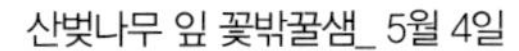

산벚나무 잎 꽃밖꿀샘_ 5월 4일

산벚나무 줄기에서 만난 다람쥐_ 9월 4일

어요. 버찌는 다람쥐랑 새들이 즐겨 먹어요. 땅에 묻은 씨에서 싹이 트면 다람쥐가 부지런히 산벚나무 싹을 캐 먹기도 해요. 벚나무 종류는 벚나무, 왕벚나무, 산벚나무, 올벚나무 들이 있어요. 쉽게 구별이 안 되면 그냥 벚나무라고 해도 잡아가는 사람 없어요. 후후! 이 가운데 왕벚나무 꽃이 가장 탐스럽죠.

왕벚나무

3월~4월 중순에 꽃이 잎보다 먼저 피어요. 꽃차례에 꽃이 3~6송이씩 달려요. 작은 꽃대는 길고, 털이 있으며, 꽃자루는 짧은 편이에요. 꽃받침통은 털이 있고, 밑부분이 올벚나무처럼 둥글게 부풀지 않아요. 암술대 아래쪽에 성긴 털이 있어요.

올벚나무

3월~4월 중순에 꽃이 잎보다 먼저 피어요. 꽃차례에 꽃이 2~5송이씩 달리고, 작은 꽃대에 털이 있어요. 꽃받침통은 털이 있고, 밑부분이 항아리처럼 부풀며, 암술대 중간 아래에 털이 빽빽해요.

산벚나무 풍경_ 4월 13일

산벚나무 꽃_ 4월 13일

벚나무

4월~5월 초에 잎이 나면서 꽃이 피어요. 꽃차례에 꽃이 2~5송이씩 달리고, 작은 꽃대와 암술대에 털이 없어요. 꽃받침통은 좁고 털이 없어요.

산벚나무

4월 말~5월 중순에 잎이 나면서 꽃이 피어요. 꽃차례에 꽃이 2~3송이씩 성기게 달리고, 꽃잎은 끝이 둥글거나 오목해요. 작은 꽃대와 꽃받침통, 암술대에 털이 없어요.

산사나무 _해독제로 쓴 열매

장미과

다른 이름 : 아가위나무, 산사목, 적과자, 산조홍, 찔광이, 찔구배나무
꽃 빛깔 : 흰색, 연붉은색
꽃 피는 때 : 4~5월
크기 : 6m

산사나무는 '산에서 나는 풀명자'라고 풀이하지만, 풀명자는 다른 나무예요. 산사나무는 '아가위나무' '산사목' '적과자' '산조홍' '찔광이' '찔구배나무'라고도 해요. 봄에 새하얀 꽃이 피고, 가을에 열매가 익어요. 열매는 산사자라 하고, 씨를 빼고 말려서 약으로 써요.

산사나무는 조선 영조 때 우리나라에서 일본으로 가져가 재배했다는 기록이 있어요. 일본에서 생선을 먹고 중독됐을 때 산사자를 해독제로 썼다고 해요. 생선 요리할 때 산사자를 몇 알 넣으면 뼈까지 물러지고, 생선 독도 막을 수 있대요. 늙은 닭을 삶을 때도 산사자를 넣으면 고기가 부드러워져요.

산사나무는 우리나라와 일본, 중국, 시베리아에 자라요. 잎이 5~9갈래 깃 모양이라 알아보기 쉽고, 어린줄기에는 날카로운 가시가 있기도 해요. 꽃과 열매가 아름다워 학교나 공원 등에 심고요. 열매는 지름 1.5cm 크기 사과 모양이고, 겉에 하얀 점이 있어요. 9~10월에 빨갛게 익고, 더러 노랗게 익는 품종도 있어요. 잘 익은 열매는 설탕을 넣어 발효시켜 먹고, 술(산사주)을 담그기도 해요. 민간에서는 익은 열매를 썰어 햇볕에 말려두고 소화가 안 될 때 우려서 먹거나, 감기와 소화불량, 산후 복통, 회충 제거 등에 썼어요.

《본초강목》에 산사자는 맛이 시고 달며, 월경통과 요통 등에 쓴다고 나

산사나무 열매_ 10월 6일

산사나무 꽃 진 뒤_ 6월 15일

산사나무 가지_ 10월 17일

산사나무 줄기_ 10월 17일

와요. 한방에서는 산사자를 소화불량이나 장염, 고기 먹고 소화가 안 될 때 쓴다는 기록이 있고요. 산사자는 비타민 C가 많아 피로 해소, 면역력 개선, 감기 예방, 피부 미용, 항산화 작용, 노화 방지 등에 좋다고 해요. 중국 음식 탕후루는 처음에 산사자를 꼬치에 꿰어 설탕물을 입혔는데, 요즘은 딸기나 파인애플 등으로도 만들죠.

비파나무 _늦게 꽃 피는 약의 대왕

장미과

다른 이름 : 비파낭, 대약왕나무, 대약왕수
꽃 빛깔 : 흰색
꽃 피는 때 : 10~12월
크기 : 3~10m

오래전에 거제도에 사는 동무가 봉지를 내밀었어요.

"이거, 여기는 없죠? 거제도에 많아서 가져왔어요."

"이게 뭐예요?"

"글쎄요, 보면 좋아할 것 같아서요. 거제도에 지금 한창이에요."

살구 닮은 비파나무 열매가 가지째 든 봉지였어요. 그 예쁜 비파를 씻어서 몇 개나 먹었는지 몰라요. 살구보다 조금 작은 열매가 과즙이 많고, 지나치게 달거나 시지 않아 맛있더라고요. 요즘은 비파나무를 재배해서 비파를 파는 농장도 있지만, 그때만 해도 드물었어요.

비파나무는 중국 후베이성(湖北省)과 쓰촨성(四川省) 남부가 고향이에요. 일본과 동남아시아, 중남미, 우리나라 남부 지방에서 재배하는 아열대 식물이죠. 3년 전에 제주도 서귀포매일올레시장을 구경하다가 깜짝 놀랐어요. 한라봉을 파는 아저씨가 비파도 팔지 뭐예요.

"어머나, 여기서 비파를 다 파네요."

아저씨가 집에 있는 비파나무에서 딴 거라고 했어요. 어제도 조금 팔았는데, 내일이면 없다고요. 그 말에 비파를 사서 양손에 들고 자연 복권에 당첨되기라도 한 듯 좋아했죠.

비파나무는 잎이 비파라는 악기를 닮았다고 비파나무라 한대요. 약의 대왕이라고 '대약왕수' '대약왕나무'라고도 해요. 남쪽 지방에는 집 뜰에 한

비파나무 꽃 핀 모습_ 12월 2일

비파나무 꽃_ 12월 2일

비파나무 열매_ 6월 27일

그루씩 심어놓기도 하고, 학교와 공원, 관공서에도 있어요. 잎이 사철 푸르고, '이제는 추워서 피는 꽃이 없겠지?' 할 때 꽃이 피어요.

비파는 심장 혈관을 확장하고, 스트레스를 줄이고, 혈압을 낮추고, 고혈압, 당뇨병, 뇌졸중 등을 예방한대요. 비타민 C가 풍부해 호흡기 건강에 좋고, 암세포의 생성과 증식, 전이를 억제한다는 연구 결과가 있어요. 잎은 차를 만들어요.

홍가시나무 _나는야 카멜레온

장미과

다른 이름 : 홍가시, 붉은순나무, 요동청
꽃 빛깔 : 흰색
꽃 피는 때 : 5~6월
크기 : 3~10m

새잎이 날 때 꽃 같은 나무가 있어요. 이름에 '가시'가 붙었는데 가시가 없죠. 홍가시나무는 새잎이 아주 붉고, 반짝반짝 빛나요. 참나무과에 드는 가시나무와 잎이 비슷한데, 새잎이 붉어서 홍가시나무라고 해요. 새순이 올라오는 봄에 눈길을 끌다가 여름에 접어들면 점점 녹색으로 바뀌어요. 그러다 나무를 다듬으면 잘라낸 가지에서 다시 붉은 새잎이 올라와요. 겨울이면 연갈색으로 잎이 조금씩 달라지는 홍가시나무는 카멜레온 같죠. 속명 포티니아(*Photinia*)는 '빛나다'라는 뜻이 있는 그리스어예요.

홍가시나무 고향은 중국 남부 지방과 일본, 동남아시아, 타이완 등이에요. 우리나라는 주로 남부 지역에 심어요. 학교나 공원, 관공서 등에 한 그루씩 혹은 줄지어, 때로는 산울타리로 심기도 해요. 관광객이 많은 곳에서는 홍가시나무 새잎이 나올 때 사진 명소로 한몫해요. 중부 이북 지방에서는 화분에 가꾸거나 실내 조경을 하는 나무죠.

홍가시나무는 겨울에도 잎이 푸르고 공해에 강해서, 도로 경계 나무로 많이 심어요. 겨울에는 눈길이 잘 가지 않다가, 새잎이 날 때 동그랗게 다듬은 홍가시나무는 정말 매력 있어요. 5~6월이면 해묵은 나무에서 흰 꽃이 제법 풍성하게 피어요. 열매는 9~10월에 익고요. 잎 가장자리에 잔 톱니가 있는데, 거꾸로 훑으면 날카로워 가시 같아요.

홍가시나무는 목재가 단단해서 수레바퀴나 낫 같은 농기구 자루를

홍가시나무_ 5월 21일

홍가시나무 꽃_ 5월 28일

홍가시나무 열매_ 11월 13일

홍가시나무 새잎, 붉다._ 5월 21일

만들어요. 한방에서 열매를 초림자, 잎을 초림엽이라 하며 통증을 치료하는 약재로 써요.

다정큼나무 _이름이 다정한 나무

장미과

다른 이름 : 둥근잎다정큼나무, 금등화, 차륜매
꽃 빛깔 : 흰색
꽃 피는 때 : 5~6월
크기 : 2~4m

다정큼나무는 학교와 공원, 관공서 뜰에 심어 가꿔요. 2~4m까지 자라기도 하지만, 흔히 보는 다정큼나무는 키가 작아요. 전라도, 경상남도, 제주도 등 주로 남쪽 바닷가 절벽이나 바위 지대에서 자라요. 관상용으로 심고, 화분에 심어 실내에서 가꾸기도 해요. 중국과 일본, 타이완에도 있고요.

봄에 어느 학교에 갔다가 저도 모르게 발길이 가는 곳을 발견했어요. 작고 동그란 나무에 흰 꽃이 피었는데, 가까이 가서 보니 꽃이 싱싱하고 벌이 이리저리 날아다니더라고요. 이름도 다정한 다정큼나무는 크기에 견주면 꽃이 제법 큰 편이에요. 꽃잎이 다섯 장인데, 꽃 지름이 2cm쯤 되죠. 이런 꽃이 원뿔 모양 꽃차례에 모여 달리니 주변이 환해요.

둥근 열매는 9~10월에 까맣게 익어요. 늘푸른나무라 겨울에도 사랑스럽고, 잎 가장자리에 밋밋하거나 둔한 톱니가 있어요. 다른 나무에 견주면 잎이 변이가 많은 편이에요.

민간에서 잎과 가지, 뿌리를 통증이나 타박상 등에 약으로 쓰지만, 독이 있으니 조심해야 해요. 나무껍질은 명주실이나 그물을 염색할 때 썼대요. 제주도 바닷가에서 자주 보이고, 부산과 경상남도에서는 공원이나 도로에 경계 나무로 심은 곳이 많아요. 공해에 강하지만 추위에 약해서, 주로 경기 이남 지역에 심어요. 잎이 조금 둥근 느낌이 들고 가장자리가 젖혀지는 둥근잎다정큼, 잎이 더 갸름한 긴잎다정큼도 있어요.

다정큼나무_ 5월 13일

다정큼나무 잎_ 5월 21일

둥근잎다정큼 잎_ 2월 2일

긴잎다정큼_ 5월 22일

다정큼나무 열매_ 11월 13일

다정큼나무를 일본에서는 '차륜매'라 해요. 꽃이 매화를 닮았고 가지를 뻗는 모양이 바큇살 같아서, 새잎이 날 때 둥근 나무 모양을 만드는데 이게 둥근 바퀴 같아서 이런 이름이 붙었다죠. 겨울에 제주 올레를 걷다 보면 바닷가 마을 바위틈에서 다정큼나무가 눈에 띄어요. 자라는 모습이 마치 양지에서 볕을 쬐는 아이 같아요. 이름 덕에 더 다정하게 느껴지는 나무죠.

모과나무 _나무에 달리는 참외

장미과

다른 이름 : 모과, 호성과
꽃 빛깔 : 분홍색
꽃 피는 때 : 4월 말
크기 : 10m

어릴 때 별명이 '모개'였어요. 매끈하게 생기지 않은 모과를 못난이 열매로 여겼고, 마을에서는 모개라 했죠. 모과나무는 어릴 때부터 봐서 우리나라 나무인가 했는데, 고향이 중국이에요.

경상북도 칠곡에 있는 북삼초등학교 교목이 모과나무예요. 모과는 첫서리가 내려도 꿋꿋이 견뎌 향이 좋고, 약으로 써요. 모과나무를 교목으로 정하면서 학생들이 역경을 지혜롭게 이겨내고 향기로운 사람, 쓸모 있는 사람이 되기 바라는 맘을 담았을까요?

모과는 참외를 닮았어요. 그래서 약으로 쓸 때 목과(木瓜)라 쓰고, 모과라 읽어요. 과(瓜)가 오이나 참외를 뜻하니, '나무에 달리는 참외'라는 뜻이죠. 모과는 노란색이 예쁘고 향도 좋은데, 얼마나 딱딱한지 몰라요. 맛은 텁텁하고 떫어요. 하지만 쓰임은 아주 많아요. 비타민 C와 유기산, 타닌 등 항산화 성분이 있어서 면역력을 높이고, 피로와 스트레스를 줄이고, 기운을 돋우며, 찬 기운이 든 폐와 기관지를 보호하고, 기침과 가래, 감기 등을 예방하는 데 도움이 된대요. 썰어서 차나 술을 담그기도 하죠.

경상남도 창원 의림사에 가면 커다란 모과나무가 있어요. 가지가 여럿으로 갈라져 자라고, 둘레가 3m나 돼요. 모과나무는 오래되면 나무껍질이 벗겨져 얼룩무늬가 생겨요. 모과나무 아름다움 가운데 빼놓을 수 없는 매력이죠. 봄에 꽃이 피면 화사하고 고와서 놀라고요.

모과나무 열매_ 11월 15일

모과나무 줄기_ 8월 16일

모과나무 꽃_ 4월 11일

모과나무 열매, 모과_ 10월 5일

옛날에 스님이 통나무 다리를 건너는데, 반쯤 가니 커다란 뱀 한 마리가 똬리를 틀고 달려들 것처럼 독을 쏘고 있었어요. 스님은 가도 오도 못 하고 관세음보살을 외며 기도했어요. 그때 모과 하나가 뱀 머리에 툭 떨어지는 바람에 뱀도 다리 밑으로 떨어지고 말았어요. 그 뒤 모과는 성인을 보호해준 열매라고 '호성과'라 불렀답니다.

명자나무 _명자야, 장하다!

장미과

다른 이름 : 가시덱이, 명자꽃, 연지꽃, 산당화
꽃 빛깔 : 붉은색, 분홍색, 흰색
꽃 피는 때 : 4~5월
크기 : 1~2m

명자나무는 '명자꽃' '산당화'라고도 해요. 가지 끝이 가시로 변한 게 많아 '가시덱이', 꽃잎이 혼례 날 새색시 볼에 붙이는 연지 같다고 '연지꽃'이라고도 하고요. 줄기가 비스듬히 자라서 학교나 공원, 관공서 뜰에 모아 심어요. 줄기에 가시가 있어 산울타리로 심기도 해요.

나무 크기에 견주면 꽃이 크고 야무지게 피어요. 붉은색 꽃이 흔한데, 흰색과 분홍색 꽃이 피는 품종도 있어요. 섞인 색도 있고요. 꽃이 예뻐서 꽃나무로 많이 심고, 화분에 심어 가꾸기도 해요. 꽃이 일찍 피는 편이라 꽃꽂이 재료로 쓰고, 이른 봄에 실내를 꾸밀 때도 좋아요. 명자나무 꽃은 꽃잎이 안으로 오목하게 피고, 꽃말이 '겸손'이에요.

눈에 잘 띄지 않다가, 꽃이 피면 방글방글 웃어서 안 보려고 해도 보이는 나무. 명자나무, 명자꽃 하고 부르면 옛 동무 명자, 영자, 순자가 떠올라 마주 웃어요.

가끔 무슨 꽃을 좋아하냐고 물으면 정말 답하기 어려워요. 명자나무 꽃만 해도 어느 색 꽃이 좋냐고 하면 하나를 못 고르겠거든요. 붉은 꽃은 선명하고 화려해서 좋고, 흰 꽃은 깔끔해서 좋고, 섞인 꽃은 은은한 한복이 떠올라서 좋아요. 꽃이 지면 명자나무를 잊고 지내다가, 어느 날 문득 누가 가지에 올려놓은 것 같은 열매가 보여요.

"큰 열매를 맺었구나. 명자야, 장하다!"

명자나무_ 3월 17일

명자나무 꽃_ 4월 9일

명자나무 열매_ 9월 27일

명자나무 흰 꽃_ 4월 12일

풀명자_ 4월 1일

바쁘게 사느라 눈길도 못 줬는데, 저 혼자 열매를 잘 맺은 명자나무. 열매 지름이 4~10cm로 커요. 그러다 어느 날은 떨어진 열매가 보여요. 작은 모과 같은데, 은은한 향이 나서 자동차에 두면 좋아요. 딱딱한 열매는 신맛이 나고 향기가 있어 과실주를 담그거나 식초를 만들어요. 열매는 약재로도 써요. 한약재로 쓸 때 열매는 모과(모과나무 열매와 같은 이름을 쓴다), 뿌리는 모과근, 가지는 모과지, 잎은 모과엽, 씨는 모과핵이라 해요.

명자나무 고향은 중국이에요. 비슷한 풀명자는 일본이 고향이고요. 꽃빛깔이 명자나무보다 연하고, 가지에 가시가 많고, 줄기가 길어지면 옆으로 자라죠. 열매는 지름 2~3cm로 작아요.

피라칸다 _꽃처럼 피라칸다

장미과

다른 이름 : 피라칸사스, 피라칸사
꽃 빛깔 : 흰색
꽃 피는 때 : 5~6월
크기 : 1~2m

"학교에 있는 나무에 흰 꽃이 피었어요. 겨울에 빨간 열매가 아주 많이 달렸고 키는 그리 크지 않은데, 무슨 나무인지 알 수 있을까요?"

아는 선생님이 전화했어요.

"학교에 있고, 흰 꽃이 피고, 빨간 열매가 많이 달리는 나무라면 피라칸다 같은데… 작고 빨간 열매가 꽃이 핀 듯 조랑조랑 달렸어요?"

"맞아요, 멀리서 보고 빨간 꽃이 핀 줄 알았어요. 피… 뭐라고요?"

"피라칸다예요. 잘 안 외워지면 '꽃처럼 피라칸다', 이렇게 생각하면 쉬워요."

"꽃처럼 피라칸다, 꽃처럼 피라칸다. 아, 정말 그렇게 외우면 절대 안 잊어버리겠네요."

그날 저녁, 전에 찍어둔 사진을 찾아봤어요. 마침 열매 사진이 여러 장 있기에 보내주니, 같은 나무라고 좋아하더군요. 피라칸다는 고향이 중국이에요. 꽃이 귀엽고 열매가 예뻐서 우리나라에도 많이 심어요. 남쪽 지방에서는 늘푸른나무로 겨울을 나는데, 중부지방이나 위쪽에서는 추우면 잎이 떨어져요.

피라칸다는 산울타리로 많이 심어요. 공원이나 학교, 관공서에도 자주 보이죠. 산울타리는 잎과 가지가 보기 좋고, 가지를 잘라도 눈이 잘 터서 잘 자라야 해요. 피라칸다는 봄에 꽃이 예쁘고, 가을과 겨울에는 빨간 열

피라칸다 열매 맺은 모습_ 12월 4일

피라칸다 꽃_ 5월 21일

피라칸다 줄기에 난 가시_ 10월 29일

피라칸다 열매를 먹는 직박구리_ 12월 31일

매가 아름다워요. 가지를 잘라도 잘 자라니까 모양 내기 좋고요.

피라칸다 열매가 익으면 새가 많이 날아들어요. 동박새, 직박구리, 바다직박구리가 와서 열매를 부지런히 먹죠. 궁금해서 먹어보니 상큼한 사과 맛이 나고, 파삭하게 분이 나고, 들큼하면서 시고 텁텁했어요. 새도 아니면서 제법 따 먹었어요.

열매는 둥글납작하고, 지름 5~6mm예요. 주로 빨갛게 익는데, 주황이나 노랗게 익는 품종도 있어요. 한방에서는 적양자라 해서 건위, 설사, 이질 등에 약으로 써요. 열매가 예뻐서 꽃꽂이에도 써요. '알알이 영근 사랑'이라는 피라칸다 꽃말이 열매와 딱 어울려요.

사과나무 _작고 맛있는 과일

장미과

다른 이름 : 능금나무
꽃 빛깔 : 흰색
꽃 피는 때 : 4~5월
크기 : 3~5m

사과는 '작고 맛있는 과일'이라는 뜻이에요. 작고 맛있는 것에 붙이는 말이기도 한 모래 사(沙)에 과실 과(果)를 쓰거든요. 사과는 품종 개량을 많이 해서 크기도, 맛도, 색도 가지가지죠. 우리나라에서 사과를 먹기 시작한 건 120년 가까이 됐다고 해요. 그 앞에는 능금이라는 재래종 사과가 있었고, 알이 훨씬 작았대요. 한때는 과일을 크게 만드는 일이 손뼉 칠 일이었는데, 요즘은 작게 만드는 흐름이에요. 소비자가 바라니까요.

우리나라는 대개 서아시아에서 품종 개량한 사과나무를 들여왔어요. 외국 선교사가 1884년부터 각 지방에 몇 그루씩 심었는데, 그때는 과일나무로 잘 자라거나 퍼지지 못하고 보는 정도였대요. 윤병수 선생이 1901년에 미국 선교사를 통해 사과나무 묘목을 들여왔고, 함경남도 원산 부근에 과수원을 만든 게 사과 과수원의 시작이래요. 그러다 1906년 정부에서 각 나라 개량종 사과나무를 시험 재배하고, 우리 땅에 맞는 품종을 찾아 사과 농사의 틀을 마련했어요. 덕분에 우리가 맛있는 사과를 먹을 수 있으니 고마운 일이죠.

사과는 단백질과 지방이 적고, 비타민 C와 탄수화물이 많아요. 생으로 먹고, 음료와 식초, 잼, 건과, 통조림을 만들기도 해요. 산에서 목이 마르고 기운이 달릴 때 사과를 먹으면 보약이 따로 없죠. '아침에 사과 한 개, 의사를 멀리한다'는 말도 있어요. 사과에 영양이 많아, 먹으면 건강해진다

사과나무_ 11월 10일

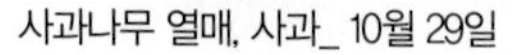

사과나무 열매, 사과_ 10월 29일

꽃사과나무_ 4월 10일

꽃사과나무 열매_ 10월 7일

는 뜻이에요.

프랑스 화가 모리스 드니(Maurice Denis)는 역사에서 유명한 사과가 세 개 있다고 했어요. 하와의 사과, 뉴턴의 사과, 세잔의 사과. 뉴턴은 사과가 떨어지는 것을 보고 만유인력의 법칙을 발견했죠. 저는 사과를 보면 맛있겠다, 먹고 싶다는 생각만 들어요.

우리나라에 사과로 유명한 지역이 여러 곳 있어요. 밀양과 청송 사과 농장에 여러 차례 가봤는데, 탐스런 사과가 주렁주렁해서 보기만 해도 행복했어요. 어릴 때 과수원 딸이 그렇게 부러웠는데, 이젠 하나도 부럽지 않아요. 언제든 사과 따기 체험을 하러 가면 되니까요.

꽃사과나무

꽃이 예쁜 사과나무로, '꽃사과'라고도 해요. 고향이 중국이고, 예전부터 품종 개량을 해서 원예종이 많아요. 꽃봉오리는 붉은데 활짝 피면 새하얗죠. 꽃사과는 사과보다 훨씬 작아요. 대개 빨갛게 익는데, 노랗게 익는 품종도 있어요. 꽃이 예쁘고 열매가 귀여워 화분에 심기도 해요. 꽃사과는 생으로 먹기보다 젤리나 통조림 등을 만들고, 한방에서 위장약으로 써요. 산사나무는 따로 있는데, 꽃사과도 산사자라 하며 약으로 쓰고, 차나 술을 담그기도 해요.

아그배나무_ 5월 11일

아그배나무 열매_ 10월 29일

서부해당화_ 4월 25일

아그배나무

키가 2~10m 자라는 우리나라 나무로, 중국과 일본에도 있어요. 꽃봉오리가 붉고 활짝 피면 흰빛인데, 기온이 낮은 곳에서는 연분홍색 꽃도 피어요. 꽃이 예쁘고 열매가 귀여워서 학교와 공원, 관공서 뜰에 심고, 분재로 만들기도 해요. 우리나라에서는 사과나무를 접붙이는 밑나무로 써요. 귤나무를 접붙일 때 탱자나무, 감나무를 접붙일 때 고욤나무를 쓰는 것처럼요. 덜 익은 열매를 많이 먹으면 배탈이 나서 “아고, 배야” 한다고 아그배나무, 열매가 작아서 아기배라 하다가 아그배나무가 됐다고도 해요.

서부해당화

서부해당화는 연분홍 꽃이 화사하면서도 우아하게 피어요. 긴 꽃자루 끝에 지름 3~3.5cm 꽃 4~6송이가 모여서 피면 전체가 꽃나무가 되죠. 중국이 고향이고, 원예용으로 품종 개량을 많이 했어요. 경상북도 김천 농소초등학교 교화가 서부해당화예요. 열매는 지름 6~9mm로 작고, 익어도 시고 떫어요.

배나무 _소를 먹은 나무

장미과

다른 이름 : 일본배
꽃 빛깔 : 흰색
꽃 피는 때 : 5월
크기 : 5~10m

배나무 조상은 돌배나무예요. 산에 자라는 돌배나무는 배나무와 같이 생겼는데, 배가 지름 3cm 정도로 작아요. 먹을 게 얼마 없고 떫은맛이 나서 생으로 먹기보다 약으로 많이 써요.

사 먹는 배는 물이 많고 달고 시원하죠. 술 마신 뒤나 더부룩할 때 배를 먹으면 편해진다고 해요. 김치나 동치미 담글 때 넣기도 하고요. 소고기 육회, 냉면에 든 배는 고기를 연하게 해서 소화를 도와요.

옛날에 농부가 소를 돌배나무에 묶어두고 일을 본 뒤 돌아왔어요. 그런데 소는 온데간데없고 고삐만 있더래요. 농부는 온 동네를 다녀도 소를 찾지 못해서 울고 있었어요. 그때 지나가던 수염 허연 어른이 쯧쯧 혀를 차며, 배나무가 소를 먹었다고 했어요. 배가 그만큼 고기를 연하게 하는 과일이라는 뜻이죠.

아이가 어릴 때 기침을 하면 배 속을 파내고 꿀을 조금 넣어서 쪘어요. 어른들이 배 속에 고인 물을 한 숟갈씩 떠먹이면 가래가 삭고 기침이 멈춘다고 하는 말씀을 들었거든요. 이런 민간요법은 요즘도 전해져요.

우리나라에서는 2000년 전 삼한 시대부터 배나무를 심기 시작했대요. 조선 시대에는 고실네, 청실네, 황실네 같은 배가 있었고, 지금 우리가 먹는 배는 옛날 배보다 크고 맛 좋게 개량한 품종이에요. 우리나라 배는 세계적으로 알아준다고 해요. 일본에 견주면 가을비가 반 정도 오고 볕이 좋

배나무 꽃 핀 모습_ 4월 4일

배나무 꽃_ 4월 8일

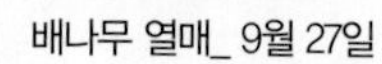

배나무 열매_ 9월 27일

돌배나무 꽃_ 4월 15일

꽃받침이 남은 산돌배나무 열매_ 7월 6일

돌배나무 열매_ 7월 16일

아, 배를 재배하기 좋은 조건이거든요. 덕분에 우리 배를 여러 나라에 수출해요.

배나무 꽃은 희고 환해요. 배꽃을 한자로 이화, 눈처럼 희다고 이화설, 꽃이 질 때 비처럼 떨어진다고 이화우라고도 해요. 우리나라 산에는 돌배나무, 산돌배나무, 콩배나무 들이 있어요. 돌배나무 목재는 가구재로 쓰고, 해인사 팔만대장경 경판도 만들었대요. 산돌배는 돌배와 비슷한데, 익을 때까지 꽃받침이 있는 점이 달라요. 콩배나무 열매 콩배는 지름 1cm 정도로 작고, 검은 갈색으로 익어요.

팥배나무 _새들 도시락

장미과

다른 이름 : 왕팥배나무
꽃 빛깔 : 흰색
꽃 피는 때 : 5월
크기 : 15m

열매가 팥을 닮고, 배꽃 같은 꽃이 피어서 팥배나무예요. 배꽃보다 작지만, 울울창창한 숲에 드문드문 선 커다란 팥배나무에 꽃이 피면 둘레가 다 환해요. 바람 많은 산등성이나 꼭대기 쪽에서는 윗가지를 짧고 단단하게 뻗어, 몸이 탄탄한 운동선수가 생각나요. 추위와 바람을 견디려고 탄탄하게 버티고 선 것 같아서요.

팥배나무는 여름에 잘 드러나지 않다가, 빨간 열매를 다는 가을이면 눈에 띄죠. 조영수 시인의 동시집 《나비의 지도》에 '새들의 도시락'이란 동시가 있어요. "팥배나무 빨간 열매 / 콩배나무 까만 열매 / 새들의 도시락이다"란 구절이 떠올라요. 팥 닮은 빨간 열매가 조랑조랑 달리면 새들이 찾아와 따 먹어요. 팥배나무 열매는 이빨이 없는 새가 한입에 먹기 좋은 크기죠. 강원도 원주에 있는 대성고등학교 교화가 팥배나무예요. 공부하느라 애쓰는 학생들한테 '새들의 도시락'을 들려주고 싶어요. 이래저래 숨통이 트이게요.

팥배나무는 상고대가 피었을 때 가장 예뻐요. 상고대는 나무나 풀에 내려 눈처럼 된 서리를 말해요.

팥배나무 상고대 핀 겨울 모습_ 2월 5일

팥배나무 꽃_ 5월 23일

팥배나무 열매_ 11월 5일

팥배나무 열매, 팥을 닮았다._ 11월 5일

감나무 _홍시가 달아서 붙은 이름

감나무과

다른 이름 : 시자수, 돌감나무, 산감나무, 똘감나무, 시수, 유시자, 감낭
꽃 빛깔 : 흰빛 띤 누런색
꽃 피는 때 : 5~6월
크기 : 10~15m

주렁주렁 달린 감을 보면 초등학생 때 추석에 대해 배운 내용이 생각나요. 감나무 밑에서 논 생각도 나고요.

> 밤도 익었습니다.
> 감도 익어갑니다.
> 즐거운 추석이 옵니다.

그래서인지 감나무는 언제 봐도 마음이 편해요. 언젠가 시골길을 달리다가 논두렁에서 감 따는 모습을 봤어요. 아저씨가 장대로 감을 따고, 아주머니는 감을 받았어요. 반가워서 가까이 가니 홍시를 먹으라고 주는데, 나무에서 익은 거라 참 달고 맛났어요. 아저씨가 감을 따보라며 장대를 건네주더라고요. 감을 몇 개 따고 좋아하니까 아저씨가 말했어요.

"감 따기가 쉽지 않죠? 밤에 곶감 만들 것 껍질 벗기면 어깨가 쑤셔서 잠도 잘 안 와요."

그러면서 오늘은 그만 딸 거니까, 집에서 놀다 가래요. 따라가서 감을 깎아주고 싶었지만, 오히려 폐가 될까 봐 참았어요. 그 뒤 감나무만 보면 두 분 생각이 나요. 《동언고략》에 감나무는 달 감(甘)에 나무가 합쳐진 말이라고 나와요. 홍시가 달아서 붙은 이름이죠.

감나무_ 11월 16일

감나무 품종, 고종시_ 11월 16일

감나무 품종, 대봉_ 11월 10일

감나무 품종, 진영 단감_ 11월 4일

감나무 품종, 청도 반시_ 11월 17일

감나무 암꽃_ 5월 24일

고욤나무 열매_ 9월 30일

고욤나무 꽃_ 6월 8일

감나무는 품종을 개량해서 재배하는 종류가 많아요. 진영 단감, 청도 반시처럼 감이 지역 상품인 곳도 있고요. 단감도 좋아하고 홍시도 좋아하는데, 홍시가 덜 된 감은 주물러 먹어요. 그러면 왠지 덜 떫은 것 같아서요. 과일에 충격을 주면 과일을 익히는 식물호르몬 에틸렌 분비량이 늘어나 과일 속 전분이 당으로 바뀐대요. 홍시가 덜 된 감을 주무르면 더 단 까닭이 있었어요. 귤도 먹기 전에 주무르고 껍질을 벗기면 더 달콤하잖아요. 이게 다 과학적 근거가 있었다니 놀라워요. 물론 오래 주무른다고 당도가 무한정 올라가진 않아요. 전분이 당으로 바뀌면 더 바뀔 게 없으니까요.

어릴 때 집에 감나무가 있었어요. 매미를 잡으러 감나무에 올라갔다가 가지가 부러져 떨어졌어요. 한동안 엉덩이와 팔이 시큰하고 아파서, 그 뒤에는 감나무에 올라가지 않았어요. 감나무는 다른 나무에 견주면 세포 길이가 짧고 배열이 달라 가지가 약하대요.

감꽃으로 목걸이를 만들었다가 거뭇거뭇해지면 꽃을 빼 먹었어요. 그러면 떫은맛이 줄고 단맛이 살짝 나거든요. 넓은 잎은 모내기 철에 꽁치조림을 내는 접시 대신 썼고요. 새 옷에 밴 감물이 빠지지 않아 속상한 일도 있었죠. 갈중이(감물 들인 바지)와 갈적삼(감물 들인 저고리) 같은 갈옷은 감물이 방부제 역할을 해서 땀 냄새가 덜 나고, 몸에 붙지 않아 시원해요.

고욤나무

감나무랑 비슷한 고욤나무는 '고욤' '고양나무' '소시'라고도 해요. 열매는 고욤이죠. 가을에 익는 고욤은 손가락 한 마디 크기인데, 씨가 많아서 먹을 게 별로 없어요. 대신 겨울이 오기 전에 따서 항아리에 쟀다가 숟가락으로 떠먹으면 맛있어요. 잴 때 꿀을 넣기도 해요.

고욤나무는 감나무를 접붙일 때 밑나무로 써요. 잎은 감나무보다 작고 갸름하며, 감잎처럼 차를 만들어요. 잎 앞면에 윤기가 나지 않는 점이 감나무와 달라요.

마가목 _말 어금니 나무

장미과

다른 이름 : 은빛마가목
꽃 빛깔 : 흰색
꽃 피는 때 : 5~6월
크기 : 6~8m

크고 뾰족한 겨울눈이 말 어금니를 닮아서 마아목(馬牙木)이라 하다가 마가목이 됐어요. 마가목은 중부 이남 지방 산에서 자라요. 주로 바람이 매섭게 몰아치는 높은 산꼭대기, 울릉도 성인봉과 제주도 한라산 영실에서 남벽 분기점으로 가는 길에 제법 많이 보여요. 본디 춥고 메마른 땅을 좋아하는 마가목은 척박한 곳에서도 자랄 수 있어요. 울릉도에는 마가목 가로수가 있을 만큼 흔하지만, 우리나라 전체로는 드물죠.

마가목은 예부터 열매와 줄기껍질을 약으로 썼어요. 여름부터 가을까지 팔뚝 굵기 가지를 잘라 껍질을 벗겨서 그늘에 말린 것을 좋은 약재로 쳤대요. 마가목 지팡이가 어른들 허리와 신경통에 좋다고 알려져, 마가목 지팡이가 유명하기도 해요. 목재는 단단하고 탄력이 좋아 고급 공예품을 만들고, 연장 자루로 써요.

가끔 산 아랫마을 식당에 가면 마가목 열매로 담근 술이 있고, 어느 식당에서는 마가목 열매로 만든 장아찌가 나와요. 마가목 열매를 보기도 쉽지 않은데 장아찌라니! 약이 되는 나무 열매가 산마을 사람한테는 먹거리도 되는 게 자연 이치겠죠.

회갈색 줄기에 난 피목이 돌기처럼 도드라져요. 5~6월에 가지 끝에서 하얀 꽃이 모여 피면 싱그러운 잎하고 어울려 아름다워요. 작은 사과 모양 열매는 콩알만 하고, 10월에 익어요. 쓰임이 많아 나무랄 데 없는 마가

마가목 꽃_ 6월 8일

마가목 열매_ 10월 1일

마가목 단풍 든 잎_ 10월 7일

마가목 겨울눈_ 10월 9일

마가목 잎_ 9월 8일

목을 학교나 공원에서 만나면 더 반갑고, 뿌리 내린 곳에서 잘 자라길 빌어요.

《동의보감》에 마가목은 풍증과 어혈을 낫게 하고, 몸이 약한 것을 보하며, 성 기능을 높이고, 허리와 다리 힘을 세게 하며, 흰머리를 검게 한다고 나와요. 민간에서는 마가목 열매로 담근 술이 중풍, 기침, 위장병, 양기 부족 등에 효능이 있다고 전해져요. 마가목 열매로 담근 술은 은은한 붉은빛이 나죠. 마가목에는 활성산소를 줄이는 플라보노이드 성분이 들었대요.

자귀나무 _너도 잠꾸러기야?

콩과

다른 이름 : 합환수, 합혼수, 야합수, 유정수, 여설수, 소쌀밥나무, 비단나무
꽃 빛깔 : 위는 붉은색, 아래는 흰색
꽃 피는 때 : 6~7월
크기 : 3~10m

초여름 숲에서 환하게 피는 꽃이 있어요. 분홍 실을 부챗살처럼 펼친 듯한 자귀나무. 꽃잎이 퇴화하고 꽃술만 남아서 비단실을 풀어놓은 듯 피죠. 영어 이름은 실크트리(silk tree), '비단나무'예요. 자귀나무는 우리나라를 비롯한 아시아가 고향이에요.

콩과 식물이라 척박하고 건조한 곳에서도 잘 자라요. 공기 속 질소를 빨아들여 뿌리에 기생하는 뿌리혹박테리아에 저장해서, 메마른 땅을 기름지게 하며 살아요. 덕분에 둘레에 있는 식물도 기름진 땅에서 자라게 하는 고마운 나무죠.

자귀나무는 잠꾸러기예요. 다른 나무들은 잎이 녹색으로 무성할 때도 잎을 내지 않아요. '혹시 잘못된 게 아닐까? 늦어도 너무 늦잖아.' 몇 번이나 걱정하고 나서야 겨우 새잎이 나와요. 덕분에 자귀나무 아래 자리 잡은 풀과 나무는 이른 봄에 햇빛을 맘껏 받을 수 있어요. 작은 풀과 나무도 살고, 자귀나무도 사는 지혜죠. 숲은 이렇게 늘 자연스러워서 편안해 보이나 봐요.

자귀나무 잎은 두번깃꼴겹잎이에요. 햇빛을 좋아해서 많은 잎이 한낮 동안 활짝 펴고 있다가, 해가 지면 양쪽 잎이 한 쌍씩 포개요. 햇빛과 온도 차로 생기는 팽압운동 결과예요. 이를 수면운동이라고 하죠. 50~80장이나 되는 잎이 짝을 이뤄 '야합수' '합환수' '합혼수' '유정수'라고도 해요. 열

자귀나무 꽃 핀 모습_ 7월 2일

자귀나무 꽃_ 6월 24일

자귀나무 열매_ 8월 21일

자귀나무 줄기_ 3월 9일

늦게 싹 튼 자귀나무_ 6월 1일

자귀나무 오므린 잎_ 6월 23일

자귀나무 잎_ 6월 24일

왕자귀나무 잎. 자귀나무 잎보다 크다._ 7월 23일

매가 납작한 꼬투리에 들었는데, 바람에 꼬투리가 서로 부딪쳐 시끄럽다고 '여설수'란 별명도 있어요. 소가 아파서 먹지 못할 때 이 잎을 주면 먹고 나았다고 '소쌀밥나무'라고도 하죠.

옛날 중국에 두양이라는 선비가 있었어요. 부인이 말린 자귀나무 꽃을 베갯속에 넣었다가 남편 기분이 언짢으면 꺼내서 술에 띄워 한 잔씩 권했대요. 그러면 남편 기분이 풀어졌다고 해서 자귀나무 꽃이 부부 사랑을 두텁게 하는 신비스런 약이라고 전해져요.

《동의보감》에 합환피라 하는 자귀나무 뿌리껍질이 오장을 편안하게 하고, 마음을 안정시키고, 근심을 없애줘 약으로 썼다고 나와요. 오래된 나무는 껍질에 피목이 뚜렷해 겨울에도 알아보기 쉬워요. 자귀나무보다 잎이 큰 왕자귀나무는 전라남도 흑산도, 전라북도 어청도 등에 자라요.

박태기나무 _하트 뿅 뿅 예쁜 잎

콩과

다른 이름 : 소방목, 구슬꽃나무, 칼집나무
꽃 빛깔 : 붉은 보랏빛
꽃 피는 때 : 4월 하순
크기 : 3~5m

꽃봉오리가 마치 튀밥이나 밥풀이 붙어 있는 것 같다고 밥튀기나무, 밥티나무 하다가 박태기나무가 됐대요. 꼬투리에 열매가 든 콩과 식물이기 때문에 땅이 기름지지 않아도 잘 자라죠. 학교와 공원, 관공서, 교회, 절 마당에서 흔히 볼 수 있어요.

박태기나무 꽃이 피면 뜰이 밝아져요. 영어 이름은 레드버드(redbud)로, '붉은 꽃봉오리'라는 뜻이에요. 박태기나무 종류는 유럽 남부, 중국, 북아메리카에 일곱 가지가 있는데, 우리나라에는 중국이 고향인 박태기나무를 주로 심어요. 유럽에서 자라는 서양박태기나무는 키가 7~12m로 박태기나무보다 훨씬 커요. 박태기나무는 3~5m 자라죠.

박태기나무 속명 케르키스(*Cercis*)는 그리스말로 '꼬투리가 칼집 같다'는 뜻이래요. 그래서 '칼집나무'라 하고, 예수를 배반한 유다가 이 나무에 목매 죽었다고 '유다 나무'라고도 해요.

나무에 피는 꽃은 대개 가지 끝이나 잎겨드랑이에서 꽃대를 내미는데, 박태기나무는 줄기 아무 데서나 피어 꽃가지가 되죠. 그 모습이 귀엽고 예뻐서 뜰에 심어 가꿔요. 박태기나무 꽃으로 샐러드 해 먹는 걸 봤는데, 아린 맛이 나고 약한 독성이 있으니 생으로 먹으면 안 돼요.

가을에 잎이 떨어지고 나서 가지치기하면 이듬해 봄에 풍성하고 고운 꽃을 볼 수 있어요. 박태기나무 잎은 두껍고 깔끔하고 반들거리는 심장 모양

박태기나무 꽃 핀 모습_ 5월 9일

박태기나무 열매_ 5월 7일

박태기나무 잎_ 6월 2일

이라, 꽃 못지않게 예뻐요. 새잎은 더 작은 하트 모양이 귀엽고요. 줄기나 뿌리껍질은 한약재로 써요. 삶은 물을 먹으면 이뇨 작용을 하고, 중풍과 고혈압, 부인병에도 효과가 있대요.

회화나무 _우주 기운 받아들이는 신목

콩과

다른 이름 : 괴화나무, 과나무, 학자수, 학자나무
꽃 빛깔 : 노란빛 띤 흰색
꽃 피는 때 : 8월
크기 : 10~30m

회화나무는 아까시나무보다 잎이 작고, 가지에 가시가 없어요. 열매는 염주처럼 잘록하고요. 한자 이름 '괴화나무'가 발음이 비슷한 회화나무가 됐대요. 회화나무 괴(槐)는 나무와 귀신을 합친 글자로, '잡귀를 물리치는 나무'라는 뜻이죠. 우주의 기운을 받아들이는 신목이라 여기기도 했어요. 커다란 회화나무가 가지를 뻗은 모습은 정말 신령스런 기운이 느껴질 만큼 독특해요.

회화나무 고향은 중국이에요. 우리나라에는 예부터 들여와 조선 시대에는 궁궐과 절, 양반 집 어귀 등에 심었어요. '학자수'라 해서 향교나 서원처럼 학생이 공부하는 곳에 심었고요. 서원을 열면 임금이 회화나무를 내려서 '학자나무'라고도 해요. 영어 이름은 가지를 뻗는 모습이 학자의 기개를 상징한다고 스칼라트리(scholar tree), 학자나무예요. 옛날에는 임금이 공이 많은 학자나 관리한테 회화나무를 상으로 주기도 했대요. 회화나무 열매로 짠 기름은 공부할 때 불을 밝히는 등잔 기름으로 썼어요.

중국 베이징에는 아름다운 회화나무 가로수가 있어요. 우리나라에도 그렇게 크진 않지만, 회화나무 가로수가 곳곳에 있고요. 회화나무는 공해를 잘 견디고, 공기 정화 효과가 뛰어나대요. 경상북도 김천 직지사와 경주양동마을, 경상남도 밀양 표충사와 창녕초등학교에도 커다란 회화나무가 있어요.

회화나무_ 11월 3일

회화나무 꽃_ 8월 1일

회화나무 잎_ 8월 30일

회화나무 열매_ 2월 8일

회화나무는 느티나무, 은행나무, 팽나무, 왕버들과 함께 우리나라에 있는 큰 나무에 들어요. 《동의보감》에 회화나무는 열매, 가지, 속껍질, 꽃, 수액, 나무에 생기는 버섯까지 약으로 쓴다고 나와요. 한겨울에 직박구리가 회화나무 열매를 먹는 모습을 몇 차례 봤어요. 놀랍게도 녀석은 회화나무 열매처럼 누런 물똥을 싸고 날아가더라고요. 나무 전체에 있는 루틴이라는 성분이 혈관을 강화하고 지혈, 고혈압, 뇌출혈 등에 좋다니 직박구리한테도 약이 되겠죠?

옛날에 양반들은 회화나무를 심으면 출세한다고 여겼어요. 선비가 이름을 얻은 뒤 물러날 때도 회화나무를 심었다고 해요. 회화나무 목재는 기둥과 가구 등을 만드는데, 느티나무하고 재질이 비슷하대요. 두 나무 모두 한자로 괴(槐)라고 써요. 참, 회화나무는 가지가 꺾이면 특별한 냄새가 나요.

등(등나무) _갈등이 생길 때, 꽃차 한잔 어때요?

콩과
다른 이름 : 등나무, 참등
꽃 빛깔 : 연자주색
꽃 피는 때 : 4~5월
크기 : 10m

> 등나무 그늘은 참 시원합니다. 등나무 줄기들이 얽혀 있는 시렁을 쳐다보면 초록 잎사귀들이 우거진 사이로 해가 반짝반짝하다가는 안 보이고, 안 보였다가는 또 반짝입니다. 눈이 부시어 땅바닥을 보면 땅바닥에는 그늘이 흐늘흐늘 흔들리고 있습니다.

이원수 선생님이 쓴 동화 〈등나무 그늘〉 일부예요. 이 글을 보면 등나무 아래 있는 기분이 들어요. 등은 '등나무' '참등'이라고도 하죠. 산에서 절로 자라는 등을 학교와 공원, 관공서, 교회, 절 같은 데 심어서 그늘 쉼터로 써요. 등 그늘에 서면 초록 지붕 아래 있는 것 같아요. 〈등나무 그늘〉에서 초등학교에 입학한 주인공은 동무 하나가 저를 괴롭히자, 속상하고 서러운 맘에 아이들과 떨어져 등나무 아래로 가요. 이때 주인공은 등나무 그늘에서 맘을 가라앉히고 동무들한테 다가갈 용기를 내요. 나무 그늘에서 쉬면서, 나무를 보다가 스스로 달래고 성장한 셈이죠.

나무는 그런 힘이 있어요. 그래서 학교에 나무가 많으면 기분이 좋아요. 등꽃은 포도송이같이 달려요. 향기도 좋아 호박벌, 꿀벌이 찾아와 꿀을 먹느라 바빠요.

"호박벌아, 꿀벌아! 때를 잘 알고 찾아왔네."

벌들이 웽웽 날며 말해요.

등, 꽃이 핀 모습_ 4월 28일

등꽃_ 5월 2일

등 열매와 잎_ 6월 30일

등꽃으로 만든 음료_ 5월 4일

"꽃 냄새가 나니까 왔지. 말 걸지 마. 꿀맛 최고야."

등꽃 아래선 이렇게 벌들이랑 말도 하죠.

열흘 붉은 꽃이 없다고 해요. 어느새 꽃이 지면 뚝뚝 떨어져 바닥이 꽃길이 되죠. '꽃길만 걸으세요' 하는 덕담이 있는데, 차마 밟지 못해 뒤꿈치 들고 돌아서 빈 땅을 밟아요.

등은 감거나 타고 올라가는 성질이 있어요. 둘레에 다른 나무가 있으면 얼른 타고 올라가 햇빛을 차지해요. 칡도 마찬가지라, 둘이 같이 자라면 얽히고 엉켜서 누가 누군지 모르게 자리다툼을 하죠. 그래서 사람 사이 다툼에 칡 갈(葛), 등나무 등(藤)을 써요. 등꽃은 덖거나 발효시켜 꽃차를 만들어요. 갈등이 생길 때, 꽃차 한잔 어때요?

머귀나무 _줄기에 사마귀가 났어요

운향과

다른 이름 : 민머귀나무, 머귀낭
꽃 빛깔 : 노란빛 띤 흰색
꽃 피는 때 : 8~9월
크기 : 15m

겨울에 거제도 노자산에 가다가 머귀나무가 눈에 띄어서 놀랐어요. 차를 세우고 일행이 내려 가까이 갔는데, 다들 처음 본 나무라고 했어요. 창원 무학산에도 있는 나무예요. 굵은 줄기에 사마귀 같은 돌기가 있고, 잔가지가 별로 없고, 어린 가지에는 가시가 있어요.

머귀나무는 줄기가 굵은 편이고, 겨울눈이 커요. 잎이 났을 때는 생각보다 커서 더 놀랐어요. 길이가 40cm나 되는 잎이 가지 끝에 어긋나는데 모여나듯 달리죠. 아까시나무 잎처럼 홀수깃꼴겹잎이고, 작은잎이 19~23장이에요.

한번은 꽃이 피었을 때 놀랐어요. 제주도 바다가 내려다보이는 산 중턱 전망대에 자잘한 머귀나무 꽃이 잔뜩 피었는데, 온갖 벌과 나비, 파리가 모여들어 꿀을 빨더라고요. 보기 쉽지 않은 청띠제비나비가 무리 지어 이 꽃 저 꽃 날아다녔어요. 저도 덩달아 이 꽃 저 꽃, 이 나비 저 나비 눈을 맞추며 시간 가는 줄 몰랐죠.

머귀나무는 울릉도, 남쪽 바닷가와 섬 지역에서 자라요. 필리핀, 중국, 일본, 타이완에도 있고요. 제주에서는 '머귀낭'이라 하고, 어머니가 돌아가시면 장례 때 짚는 지팡이(상장)로 쓰던 나무예요. 상장은 제주에서 '방장대'라고 하죠. 손에 가시가 찔리는 아픔을 느끼며 어머니의 애절한 사랑을 그리는 나무예요. 아버지가 돌아가시면 대나무를 썼어요. 육지에서는 아

머귀나무_ 7월 28일

머귀나무 잎_ 9월 13일

머귀나무 열매_ 2월 23일

머귀나무 줄기_ 11월 10일

버지가 돌아가시면 왕대, 어머니가 돌아가시면 오동나무를 썼대요. 전통도 지역이나 시대에 따라 변하는 게 눈에 보여요.

꽃은 암수딴그루로 8~9월에 피고, 열매는 11월에 익어요. 껍질 속에서 윤기 나는 검은 씨가 나오는데, 매운맛이 나고, 새 먹이가 돼요. 열매와 잎은 더위 먹었을 때, 감기, 말라리아, 벌레 퇴치, 타박상 등에 약으로 써요.

귤나무 _진상품 → 대학 나무 → 국민 과일

운향과

다른 이름 : 귤, 감귤나무, 밀감나무, 온주밀감, 참귤나무
꽃 빛깔 : 흰빛
꽃 피는 때 : 5~6월
크기 : 5m

제주도 아름다운 풍경 가운데 하나가 귤밭이에요. 까만 돌담 너머로 귤이 주렁주렁 달린 풍경은 그대로 그림이죠. 귤은 종류가 많아요. 밀감, 감귤이라고도 해요. 우리가 흔히 먹는 귤은 고향이 인도와 중국 남부 등 제주보다 따뜻한 지역이래요. 온주밀감은 많이 먹는 귤 품종 가운데 하나예요. 제주도에는 재래종 산귤도 있어요. 진귤이라고도 하며 약용으로 써요. 껍질에 오톨도톨 돌기가 있고, 크기가 작고 씨가 많아요. 한라봉, 천혜향, 레드향, 황금향 등은 귤 품종에 붙인 상품 이름이에요.

《고려사》와 《삼국사기》에 귤에 대한 기록이 나와요. 《조선왕조실록》과 《탐라지》에도 귤 진상과 귤밭에 대한 기록이 있고요. 조선 시대에는 황감제를 치렀어요. 해마다 제주도에서 진상하는 황감(홍귤나무 열매)을 성균관과 사학 유생들한테 내리고 실시한 과거예요. 그 무렵 백성은 귤을 함부로 먹지 못했어요. 진상하기 위한 재배가 대부분인데, 공납할 양은 해마다 늘고, 귤이 달리면 숫자까지 세어두는 등 지방관의 횡포가 심했대요. 그래서 감귤 재배를 꺼리다 보니 귤 농사가 발전하지 못했다고 해요.

1962년 1차 경제개발 5개년 계획에 '제주 감귤 주산지 조성 계획'이 있었어요. 1965년에는 감귤 증산 5개년 계획을 세우고, 1968년 농어촌 소득 증대 특별 사업에 감귤 증식 사업을 포함해 제주에 귤 재배 붐이 일었대요. 그때부터 귤을 널리 재배했고, 지금에 이르렀죠. 요즘 흔히 먹는 품종은

귤나무 품종, 온주밀감_ 11월 16일

온주밀감 풋귤_ 9월 4일

온주밀감 익은 귤_ 11월 18일

온주밀감 말린 것_ 12월 21일

귤나무 품종, 여름귤_ 2월 25일

1954년쯤 재일 교포를 통해 제주에 들어왔다고 해요.

귤나무 별명은 '대학 나무'예요. 1970년대에는 귤나무 두 그루가 있으면 대학교 학비를 마련할 수 있었다고 해요. 귤 값이 10kg에 2400원, 서울대학교 등록금이 1만 4000~3만 원이었대요. 귤나무 한 그루에서 나오는 귤이 60~70kg, 두 그루면 2만 9000~3만 4000원이나 돼서 가능한 일이었다죠. 진상품이 대학 나무로, 지금은 누구나 쉽고 편하게 먹을 수 있는 국민 과일이 됐어요.

여름귤 꽃과 열매_ 5월 9일

귤나무 품종, 한라봉_ 1월 9일

귤나무 품종, 산귤_ 12월 2일

여름귤(하귤)

여름에 익는 품종이어서 하귤이라고도 해요. 봄에 꽃이 피어서 이듬해 여름이 돼야 열매를 먹을 수 있어요. 온주밀감보다 알이 훨씬 크고 노랗게 익죠. 신맛이 많이 나서 청을 담그면 시원하고 맛있어요. 제주 서귀포시 감귤박물관 가는 효돈순환로와 다른 도로 곳곳에 여름귤 가로수가 있어요. 겨울에도 귤이 노랗고 탐스럽게 달려 사람들 마음을 사로잡아요. 여름귤은 일본에서 재래종 귤을 개량한 품종이에요.

탱자나무 _참새 놀이터

운향과
다른 이름 : 탱자
꽃 빛깔 : 흰색
꽃 피는 때 : 5~6월
크기 : 높이 3~4m

탱자나무 열매를 탱자라 해요. 탱글탱글 노랗게 익은 탱자는 신맛이 강해서 얼굴을 찡그리고 즙을 빨아 먹었어요. 향기가 좋아서 주머니에 넣거나, 바구니에 담아 거실이나 차 안에 두기도 해요. 탱자나무를 보면 가시 때문에 입맛이 돌아요. 기다란 탱자나무 가시로 다슬기를 쏙쏙 빼 먹었거든요. 단단한 탱자나무 가시도 처음 날 때는 녹색이고, 연하고 부드러워요.

탱자가 절로 떨어져 싹이 나는 걸 보면 소복하게 모여나요. 열매 하나에 씨가 열 개 정도 들었으니 한꺼번에 싹이 난 거죠. 탱자나무 고향은 중국 양쯔강 상류예요. 우리나라에는 언제 들어왔는지 기록을 찾지 못했는데, 주로 중부 이남에 심어 가꿔요. 탱자나무는 산짐승을 막으려고 산울타리로 많이 심어요.

탱자나무는 참새들한테 놀이터이자 숨는 나무죠. 자기들끼리 지지배배 떠들다가, 황조롱이 같은 맹금류나 개나 고양이가 나타나면 눈 깜짝할 새 가시가 있는 탱자나무 안쪽으로 숨어요.

조선 시대에 위리안치란 벌이 있었어요. 귀양을 보내고 집 둘레에 탱자나무를 심어 집 밖으로 나오지 못하게 한 형벌이죠. 서귀포시 대정읍에 있는 제주추사관 뒤에 추사 김정희 선생이 유배 당시 살던 집을 재현했는데, 여기에 탱자나무를 심었어요.

탱자나무는 귤나무 품종을 접붙이는 밑나무로 쓰기도 해요. 2~3년 된

탱자나무 열매_ 10월 6일

탱자나무 줄기에 난 가시_ 4월 17일

탱자나무 꽃_ 4월 17일

탱자나무 어린 열매_ 4월 16일

탱자나무 싹_ 3월 1일

탱자나무 산울타리_ 4월 16일

탱자나무를 밑에서 10cm 정도 남기고 자른 뒤 귤나무를 끼워서 접붙이죠.

강화도 갑곶리와 사기리에는 천연기념물 78~79호로 지정 · 보호하는 탱자나무가 있어요. 몽골 군사를 막으려고 성을 쌓고 둘레에 탱자나무를 심었어요. 세월이 흘러 성은 무너졌지만, 탱자나무는 여전히 살아 있어요. 400살이 넘었으니 큰 어르신 나무죠.

덜 익은 탱자를 썰어 말린 약재를 지실이라 해요. 《동의보감》에 탱자는 피부병, 열매껍질은 기침, 뿌리껍질은 치질, 줄기껍질은 종기와 풍증에 약으로 쓴다고 나와요. 탱자는 비타민 C와 칼륨이 풍부해서 감기, 아토피 등을 예방하는 데 좋아요. 꽃에 있는 기름 성분은 화장품의 향료로 써요.

멀구슬나무 _금방울 나무

멀구슬나무과

다른 이름 : 목구슬나무, 목구실낭, 먹쿠슬낭, 멀구실낭, 구주목, 금령자, 고랭댕나무, 고롱골나무
꽃 빛깔 : 연보라색
꽃 피는 때 : 5월 말
크기 : 15m

구슬 같은 열매가 달린다고, 열매 속 딱딱한 씨앗으로 염주를 만든다고 목구슬나무라 하다가 멀구슬나무가 됐대요. 말 목에 다는 구슬 같은 열매가 달린다고 말구슬나무라 하다가 멀구슬나무가 됐다고도 해요. 익은 열매가 금방울 같아 '금령자'라고도 해요.

초록일 때 반들반들 옥구슬 같고, 노랗게 익으면 황금 구슬 같은 열매는 이듬해 2월까지 달려서 새들 먹이가 돼요. 직박구리가 맛있게 먹는 모습을 보고 하나 맛보니 마른 대추 맛이 났어요. 독이 있대서 맛만 봤죠. 다산 정약용 선생이 쓴 '농가의 늦봄'이란 시에 멀구슬나무가 나와요.

> 비 갠 방죽에 서늘한 기운 몰려오고
> 멀구슬나무 꽃바람 멎고 나니 해가 처음 길어지네
> 보리 이삭 밤사이 부쩍 자라서
> 들 언덕엔 초록빛이 무색해졌네

멀구슬나무 꽃이 5월 말쯤 피죠. 태양이 황경 60° 위치에 올 때니까 해가 길어지는 늦봄이에요. 꽃이 피면 나무를 뒤덮어 연보랏빛으로 보이는 멀구슬나무. 가까이 가면 꽃 하나하나가 예쁘고 향기도 좋아요. 그 꽃바람 속에 오래오래 서 있고 싶은 나무랍니다.

멀구슬나무_ 8월 25일

멀구슬나무 꽃 핀 모습_ 5월 16일

전라북도 고창군청에는 천연기념물 503호로 지정된 멀구슬나무가 있어요. 멀구슬나무 고향은 중국, 타이완, 인도, 네팔, 말레이시아, 오스트레일리아 북부 등이에요. 우리나라나 일본은 멀구슬나무 분포 지역의 경계에 있어서 자생종인지, 도입종인지 확실하지 않아요. 제주도와 전라도에서는 심심찮게, 경상남도에서는 더러 볼 수 있어요.

빈터나 밭둑에서 자라는 멀구슬나무는 한 그루만 있어도 멋진 풍경이 돼요. 마을 빈터에 아이 키만 한 멀구슬나무가 있었는데, 2년쯤 지나자 커다란 나무가 됐어요. 실제로 멀구슬나무는 나이테 지름이 1년에 1~2cm씩 자란대요. 그래도 목재가 단단하고 아름다운 무늬가 있어 건축재로 쓰이고, 가구나 악기 등을 만들어요.

멀구슬나무 꽃_ 5월 16일

멀구슬나무 잎_ 7월 17일

멀구슬나무 열매_ 12월 8일

멀구슬나무 열매를 문 직박구리_ 3월 20일

열매를 천련자, 뿌리껍질을 고련피라 하고 약으로 써요. 뿌리껍질과 줄기 삶은 물이 동상, 습진, 질염 등에 좋아요. 여름에 멀구슬나무 그늘에 앉아 있으면 모기가 잘 달려들지 않는대요. 나무가 곤충이 싫어하는 냄새를 뿜는다고 해요. 예전에는 멀구슬나무 열매를 옷장에 넣어 방충제로 쓰기도 했고요. 전체를 천연 방충제나 살충제, 구충제 재료로 써요.

단풍나무 _별을 만드는 나무

단풍나무과
다른 이름 : 산단풍나무
꽃 빛깔 : 붉은빛
꽃 피는 때 : 5월
크기 : 높이 15m

단풍나무가 아기 손 같은 잎을 언제쯤 내밀까 지켜보고 있었어요. 하루는 청설모가 쪼르르 올라가더니 단풍나무 싹을 똑똑 따 먹지 않겠어요. 우아! 잎이 펴지기도 전에 먹는 맛이 어떨까요? 얼마 뒤 단풍나무를 올려다보는데 초록 별이 떴지 뭐예요. 가을에는 색색 고운 별에 불을 켜놓은 듯 단풍이 들죠.

단풍나무는 붉을 단(丹), 단풍나무 풍(楓)을 써요. 단풍은 기후변화로 식물의 잎이 붉은빛이나 누런빛 등으로 바뀌는 현상 혹은 그렇게 변한 잎을 말해요. 단풍은 날씨 영향을 받아요. 우리나라 단풍은 세계에서 아름답기로 손꼽힌다고 해요. 사계절이 있고, 물이 좋고, 일교차가 심하고, 기온이 서서히 내려가기 때문에 단풍이 들기 좋은 조건이죠. 계절 변화가 덜하거나 없는 곳, 기온 변화가 너무 빠른 곳에서는 단풍이 덜 곱대요.

단풍은 식물이 겨울나기 준비를 하는 거예요. 잎에 남아 있는 양분을 뿌리나 줄기, 일부 조직으로 보내고 모으는 작업이죠. 가을에 해가 짧아지면 잎의 활동이 둔해져 물과 양분 공급이 줄어요. 이때 나무는 살기 위해 잎자루 밑에 떨켜를 만들고 물과 양분의 이동을 막아요. 잎은 엽록소를 더 만들지 않고, 남은 엽록소는 다른 조직으로 보내거나 파괴돼 녹색이 줄고 잎 색이 변해 단풍이 들어요.

단풍은 크게 세 가지로 나눌 수 있어요. 엽록소가 파괴돼 카로티노이드

단풍나무 가을 모습_ 11월 1일

단풍나무 꽃_ 4월 27일

단풍나무 어린 열매_ 5월 8일

단풍나무 싹을 먹는 청설모_ 4월 1일

단풍나무 잎_ 11월 4일

가 품은 빛이 드러나는 노란 단풍, 가을에 안토시안을 많이 만들어 빨갛거나 보랏빛으로 물드는 단풍, 타닌이 많은 갈색 단풍. 이 가운데 단풍나무가 대표죠.

열매는 두 개가 붙어 있는데, 하나씩 떼어 던지면 빙글빙글 돌면서 떨어져요. 바람에 잘 날아가 씨앗을 퍼뜨리라고 열매에 날개가 있어요. 열매껍질이 날개처럼 생겨서 바람을 타는 열매를 시과라 해요.

단풍이 드는 속도를 아나요? 서울에서 시작된 단풍이 제주까지 가는 데 20일쯤 걸린대요. 서울에서 제주가 직선거리 약 440km니까 20일로 나누면 하루에 22km, 시속으로 바꾸면 0.917km 정도 돼요. 우리나라에서 단풍이 드는 속도는 시간당 1km 조금 못 되죠. 단풍과 함께 한반도를 걸어 보고 싶어요.

당단풍나무_ 10월 24일

고로쇠나무_ 10월 29일

고로쇠나무 줄기_ 2월 23일

고로쇠나무가 많은 골짜기_ 2월 3일

당단풍나무

'산단풍나무' '당단풍' '넓은잎단풍나무'라고도 해요. 추위에 약한 단풍나무는 주로 중부 이남에서 볼 수 있는데, 당단풍나무는 전국 어느 산에서나 잘 자라요. 단풍나무는 잎이 5~7갈래로 갈라지고, 뒷면에 털이 거의 없어요. 당단풍나무는 잎이 9~11갈래로 갈라지고, 뒷면에 털이 있어요.

고로쇠나무

수액이 뼈에 이로운 나무라고 골리수라 하다가 고로쇠나무가 됐어요. 이른 봄, 고로쇠나무가 많은 산골짜기는 멀리서 봐도 흰빛이 돌아요. 캐나다 국기에 그려진 잎은 설탕단풍이에요. 캐나다에서는 설탕단풍 수액으로 음식을 하고, 메이플 시럽도 만들어요.

신나무_ 4월 29일

신나무 열매_ 9월 16일

복자기_ 10월 6일

중국단풍_ 10월 21일

풍나무, 잎이 3갈래로 갈라진다._ 11월 17일

미국풍나무, 잎이 5갈래로 갈라진다._ 11월 4일

신나무

단풍나무 종류는 열매가 비슷한 모양이에요. 신나무는 열매가 신발을 걸어둔 듯 보여서 붙은 이름이에요. 잎이 밑에서 세 갈래로 깊이 갈라지고, 가장자리에 불규칙한 톱니가 있어요. 오래되면 나무껍질이 갈색으로 벗겨져요.

복자기

중부 이북 산에서 자라고, 키가 15~20m로 커요. 작은잎 세 장으로 된 잎은 가장자리에 선명하고 큰 톱니가 2~4개 있고, 잎자루와 열매에 털이 있어요. 비슷한 복장나무는 잎 가장자리에 둔한 잔 톱니가 있고, 열매와 잎자루에 털이 없어요.

중국단풍

고향이 중국이에요. 잎이 세 갈래로 갈라지고, 가장자리가 밋밋해요. 신나무도 세 갈래로 갈라지지만, 톱니가 거칠게 발달한 점이 달라요.

풍나무(조록나무과)

'대만풍나무'라고도 하며, 중국과 타이완, 베트남 등이 고향이에요. 중국에서는 향기 나는 단풍나무라는 뜻으로 '풍향수'라 하지만, 조록나무과에 들어요. 풍나무 가랑잎 위로 걸어가면 달콤한 향기가 나요. 잎에서 나는 냄새죠. 줄기에서도 달콤한 나뭇진이 나와요. 잎이 세 갈래로 갈라져요.

미국풍나무(조록나무과)

미국 동남부와 멕시코 등이 고향이에요. 달콤한 나뭇진이 나온다고 영어 이름은 스위트검(sweet gum)이에요. 달콤한 나뭇진은 껌을 만들거나 좋은 냄새를 내는 향료로 써요. 풍나무처럼 조록나무과에 들고, 잎이 다섯 갈래로 갈라져요. 우리나라에는 개량한 품종이 몇 가지 있어요.

무환자나무 _뽀글뽀글 비누나무

무환자나무과

다른 이름 : 무환수, 비누나무, 염주나무, 흑단자, 도욱낭, 더욱낭
꽃 빛깔 : 연노란빛 띤 연두색
꽃 피는 때 : 5~6월
크기 : 20m

옛날에 이름난 무당이 이 나무 가지로 귀신을 물리쳐 근심 걱정을 없앴다고 없을 무(無), 근심 환(患), 놈 자(者)를 써서 무환자나무라고 전해요. 요즘은 학교나 공원, 절 등에서도 심심찮게 보여요. 양산 통도사에 딸린 백련암에 커다란 무환자나무가 있어요. 처음 본 뒤 해마다 찾아가서 만났는데, 한번은 스님이 열매를 줍고 있었어요. 열매를 무환자라 하고, 열매 속 까만 씨로 염주를 만들어요. 씨가 정말 단단해서 스님들은 금강자라고도 해요. 만질수록 반질반질한데 공예품을 만들기도 해요. 모감주나무 씨도 금강자라 하죠.

들여와 심은 나무인 줄 알았는데, 제주도 화순곶자왈을 비롯해서 여러 숲이나 숲 가장자리에 자생하는 걸 확인하고 무척 반가웠어요. 중국과 인도, 일본, 타이완 등에도 있지만, 제주도에서 자생하는 나무라고 알려져 다행이에요. 제주도에서는 '도욱낭' '더욱낭'이라고 해요.

열매껍질을 물에 적셔 비비면 거품이 나서 '비누나무'라고도 하죠. 열매껍질에 있는 성분으로 비누를 만들어요. 열매 한두 개 껍질을 병에 담아 물을 넣고 흔들면 거품이 생겨요. 이걸로 설거지도 할 수 있어요.

열매가 잘 익어 말랐을 때 흔들면 씨가 달강달강 구르는 소리가 나요. 호루라기를 불면 속에 있는 구슬이 돌아가는 것처럼요. 혹시나 하고 열매꼭지를 파내고 불어봤어요. 몇 번 연습하자 놀랍게도 호루라기처럼 소

무환자나무 단풍 든 모습_ 11월 12일

무환자나무 잎과 열매_ 9월 10일

무환자나무 익은 열매_ 11월 16일

무환자나무 열매_ 11월 19일

무환자 팔찌_ 10월 28일

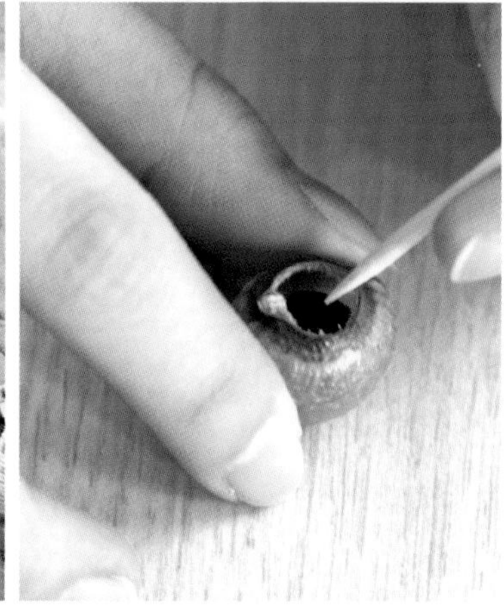

무환자 호루라기 만들기_ 1월 14일

무환자 호루라기_ 1월 14일

무환자 껍질 거품_ 10월 19일

무환자 껍질 비눗방울_ 9월 11일

리가 났어요. 무환자 호루라기를 만든 거죠. 무환자나무로 만든 목침을 베고 자면 마음이 편해지고 건강에 좋대요. 가지는 태우면 좋은 향기가 나고요.

제주시 아라동 금산공원에 있는 무환자나무(제주기념물 33호)는 높이가 10m 정도 되고, 베인 적이 있어서 줄기가 넷으로 갈라져 자라요. 이 가운데 가장 큰 줄기는 둘레가 1.5m 정도나 돼요.

모감주나무 _배 띄워라

무환자나무과

다른 이름 : 염주나무, 금강자나무
꽃 빛깔 : 노란색
꽃 피는 때 : 6월 말~7월 중순
크기 : 8~15m

모감주나무는 노란 꽃이 피고, 꽃말이 '번영'이에요. 2018년 평양에서 열린 남북정상회담 기념으로 문재인 대통령이 백화원 영빈관 뜰에 모감주나무를 심었죠.

모감주나무는 한때 중국에서 건너온 나무로 여겼지만, 식물학자들이 애써서 찾고 연구한 결과 북한 황해도와 압록강 하구, 우리나라 백령도와 안면도, 덕적도, 포항, 거제도, 충청북도 영동, 대구 등에서 자생지를 발견했어요. 동해와 남해, 서해, 내륙에 걸쳐 자라는 귀한 우리 나무죠. 베트남과 중국, 일본에도 있어요.

모감주나무는 배를 띄워 씨앗을 퍼뜨려요. 배는 물이 있으면 어디든 가잖아요. 모감주나무는 열매가 익으면 껍질이 셋으로 갈라지고, 열매껍질에 붙은 씨 한두 개가 물에 떠요. 열매껍질이 배가 되는 셈이죠. 물에 올라앉기만 하면 모감주나무 배는 바다든, 강이든 물살을 타다가 마땅한 데 닿으면 터를 잡고 싹을 틔운답니다.

열매는 꽈리처럼 생겼어요. 익으면 절로 벌어져 까맣고 단단한 씨가 나오는데, 모감주 혹은 금강자라 해요. 이걸로 만든 염주를 금강자염주라 하죠. 금강자는 '쇳덩이처럼 단단한 씨'라는 뜻이에요. 덜 익은 씨는 바늘로도 뚫을 수 있지만, 잘 익은 씨는 단단해서 구멍을 뚫는 일이 스님들한테 수행 과정이었을 것 같아요. 모감은 '닳아 없어지다'라는 뜻으로, 모감주를

모감주나무 꽃_ 6월 23일

모감주나무 꽃_ 6월 23일

모감주나무 열매_ 9월 23일

모감주나무 잎_ 6월 23일

모감주나무 풋열매_ 7월 16일

'쇳덩이처럼 단단한 씨도 자꾸 만지다 보면 언젠가 닳아서 없어진다'고 풀이하는 사람도 있어요.

예전에는 씨로 염주를 만드는 모감주나무와 무환자나무를 따로 구분하지 않고 쓴 기록이 있어요. 《훈몽자회》에는 "무환자나무 환을 모관쥬 환이라고 하고, 무환목이라 한다"고 나와요. 《동의보감》에는 무환자피를 '모관쥬나모겁질'이란 한글 토를 달고 약효를 설명하는 한편, "씨 속에 있는 알맹이를 태워서 냄새를 피우면 악귀를 물리치고, 씨는 옻칠한 구슬 같아서 염주를 만들고, 이 나무로 만든 방망이로 귀신을 물리쳤다 하여 무환(無患)이라고 불렀다"고 했어요. 《오주연문장전산고》에는 무환자나무를 목감주(木紺珠)라 했어요. 모감주나무가 무환자나무과에 들기도 해요.

모감주나무는 꽃이 피면 황금 비가 내리는 것 같다고 해서 영어 이름이 골든레인트리(Goldenrain tree)예요. 풋열매는 나무 정령이 달아놓은 등불 같아요.

칠엽수 _지금도 마로니에는 피고 있겠지

칠엽수과

다른 이름 : 마로니에, 칠엽나무
꽃 빛깔 : 밝은 흰색
꽃 피는 때 : 6월
크기 : 30m

칠엽수는 '마로니에'로 더 잘 알려져 있어요. 프랑스에서 가시칠엽수를 마로니에라 하거든요. 칠엽수는 손바닥 모양 잎이 5~7개로 갈라져요. 잎이 거의 일곱 개로 갈라져서 칠엽수라 하죠. 잎이 크고 넓어서 한 그루만 있어도 둘레가 싱그러워요. 큰 잎을 내니까 겨울눈도 커요. 겨울눈은 끈끈한 액으로 덮여 끈적거려요.

칠엽수 고향은 일본이고, 가시칠엽수 고향은 유럽 남부예요. 우리나라에는 요즘 들어 두 나무 다 많이 심죠. 덕수궁 석조전 옆에 있는 가시칠엽수가 우리나라에서 가장 오래된 것으로, 네덜란드 공사가 고종 황제한테 선물했대요.

두 나무는 얼핏 보면 쌍둥이처럼 닮았어요. 하지만 찬찬히 보면 다른 점이 많아요. 칠엽수는 열매 겉이 매끈한 편이고 잔 돌기가 있는데, 가시칠엽수는 열매 겉에 날카로운 가시가 났어요. 칠엽수는 잎 뒷면에 흰 털이 있고, 가시칠엽수는 갈색 털이 있어요. 칠엽수는 잎 가장자리 톱니가 작고 규칙적이며, 가시칠엽수는 겹톱니가 불규칙하죠.

칠엽수와 가시칠엽수는 둘 다 키가 30m나 자라는 아름드리나무예요. 가시칠엽수는 '마로니에' '서양칠엽수' '유럽칠엽수'라고도 하죠. 프랑스 몽마르트르는 마로니에 가로수로 유명해요. 유럽에서는 예부터 가시칠엽수 씨를 치질, 자궁출혈 등에 약으로 썼어요. 줄기는 그림 그리는 목탄을 만

가시칠엽수_ 7월 28일

칠엽수 꽃_ 5월 11일

칠엽수 단풍_ 10월 30일

가시칠엽수 겨울눈_ 2월 26일

가시칠엽수, 잎맥에 갈색 털이 있다._ 6월 30일

들었고요. 반 고흐는 파리 풍경화 가운데 가시칠엽수 그림을 여러 장 그렸고, '꽃이 핀 마로니에'가 많이 알려졌어요.

루루 루루 루루루 루루루 루루 루루루
지금도 마로니에는 피고 있겠지

박건의 '그 사람 이름은 잊었지만'이라는 노랫말 일부예요. 노래 덕에 나무 이름을 먼저 아는 사람이 많아요. 칠엽수와 가시칠엽수는 원뿔 모양 꽃

칠엽수와 가시칠엽수 열매_ 10월 6일

차례에 수많은 꽃이 모여 달리죠. 꽃차례 길이가 15~25cm나 돼요. 열매는 10월쯤 익고, 껍질이 벌어지면 밤 같은 씨앗이 나와요. 독이 있어서 먹으면 구토, 위경련, 현기증이 날 수 있어요. 단단하고 윤기가 나서 만들기 재료로 쓰기도 해요.

호랑가시나무 _마법 지팡이 나무

감탕나무과

다른 이름 : 묘아자나무, 호랑이등긁개나무
꽃 빛깔 : 노란빛 띤 녹색
꽃 피는 때 : 4~5월
크기 : 2~3m

호랑가시나무가 빨간 열매를 조랑조랑 달고 있었어요. 열매가 예뻐서 한참 보다가 잎이 젖혀진 걸 발견했어요. 산새와 들새가 열매를 먹고 번식을 도와주는 나무인데, 손님을 위한 배려 같았어요. 호랑가시나무는 잎 가장자리에 날카로운 가시가 있어서 찔리면 아프잖아요. 꽃이 피었을 때도 잎이 젖혀져서, 꽃꿀 먹으러 오는 꿀벌 친구들이 다치지 않을 거예요.

초식동물한테 뜯어 먹히지 않으려고 잎 가장자리에 날카로운 가시를 만들어 제 몸을 지키는데, 노루가 겨울에 호랑가시나무 잎을 먹는 걸 몇 번 봤어요. 잎을 조금 뜯어 먹혀도 사는 데 지장이 없는 큰 나무는 둥그스름한 이파리를 단 때가 많아요. 호랑가시나무는 손님을 배려하면서 스스로 살아남는 전략을 펼친 셈이죠.

빨간 열매는 새들 눈에 잘 띄기 위해서예요. 새들은 빨간색을 잘 보거든요. 크기도 열매를 따 먹을 새 부리 크기에 알맞아요. 새한테 먹히는 대신, 씨가 새똥으로 나오면 여기저기 퍼뜨릴 수 있으니까요.

호랑가시나무는 잎 가장자리에 있는 가시가 호랑이 발톱을 닮았다고 이런 이름이 붙었어요. 호랑이가 등이 가려우면 이 나무 가시에 비빈다고 '호랑이등긁개나무', 날카로운 가시가 고양이 새끼발톱 같다고 '묘아자나무'라고도 해요.

호랑가시나무는 우리나라에 자생해요. 전라북도 변산반도에 있는 부안

호랑가시나무_ 3월 4일

호랑가시나무 수꽃_ 4월 27일

호랑가시나무 암꽃_ 4월 27일

완도호랑가시나무 열매_ 11월 16일

완도호랑가시나무 노란 열매_ 11월 16일

도청리 호랑가시나무 군락은 천연기념물 122호예요. 제주도 곶자왈에도 호랑가시나무가 자라고요. 호랑가시나무와 감탕나무가 자연교잡을 한 중간형 나무를 완도호랑가시나무라 해요. 유럽호랑가시나무, 미국호랑가시나무 품종을 심기도 하죠.

크리스마스카드에 촛불과 같이 그려진 빨간 열매가 호랑가시나무 종류 열매예요. 호랑가시나무 영어 이름에 '성스럽다'는 뜻이 있어요. 서양에서는 크리스마스 장식으로 이 나무를 선물하기도 하죠. 잎에 있는 날카로운 가시가 예수의 가시면류관을 상징해서, 사람의 나쁜 마음을 없애는 데 도움을 준다고 여겨요.

소설 《해리 포터》에 나오는 마법 지팡이도 호랑가시나무로 만들었어요. 서양 소설이니 서양호랑가시나무라고 보면 되겠죠. 사랑의열매 배지도 호랑가시나무 열매래요. 열매 세 개는 나와 가족, 이웃을 뜻하고, 열매가 한 줄기로 모인 건 '더불어 사는 사회를 만들자'는 뜻이 있대요.

음력 2월 초하루인 영등날에는 호랑가시나무 가지에 정어리 대가리를 꿰어 처마 밑에 매다는 풍습이 있어요. 정어리 눈으로 보고, 날카로운 호랑가시나무 가시로 귀신 눈을 찔러 물리치라는 소망을 담은 풍습이죠.

감탕나무 _끈적끈적 차져요

감탕나무과

다른 이름 : 떡가지나무, 끈제기나무
꽃 빛깔 : 노란빛 띤 녹색
꽃 피는 때 : 3월~5월 초
크기 : 10m

오래전 거제도에 갔을 때, 숲에서 절로 자라는 감탕나무를 만났어요. 그 앞에는 학교나 관공서 등에서 봤고요. 왜 이런 이름이 붙었는지 궁금했죠.

감탕은 '곤죽처럼 된 진흙' '갖풀(아교)과 송진을 끓여 만든 풀', 감탕밭은 '몹시 질퍽질퍽한 진흙땅'이에요. 감탕나무를 '떡가지나무'라고도 하니 오호라, 뭔가 잡힐 듯해요. 게다가 감탕나무 껍질을 찧으면 진득진득해서 끈끈이, 반창고, 페인트 재료로 썼다는 기록이 있죠. 이걸로 새를 잡는 데 썼다고 감탕나무라 해요. 영어 이름 버드라임(birdlime)도 '새를 잡는 끈끈이'라는 뜻이에요. 제주 목사로 일한 이형상이 제주도의 자연과 역사, 산물, 풍속, 방어 등에 관해 쓴 《남환박물》에 감탕나무가 '점목'이라고 나와요. 점(黏)은 차지다는 뜻이 있는 말이죠.

감탕나무과에 드는 먼나무와 호랑가시나무도 감탕을 만들어 쓸 수 있대요. 감탕은 점성이 높아 오랫동안 새 사냥에 썼다는데, 새는 참 무서웠을 것 같아요. 몸이 어디에 붙어 옴짝달싹할 수 없다면 어떤 기분일까요?

감탕나무는 전라도와 제주도 등 주로 남부 지역에 자라지만, 중부지방에도 심어 가꿔요. 중국, 일본, 타이완에도 있고요. 바닷가에 사는 나무답게 잎이 두껍고, 목재는 가구재와 도장재, 세공재로 써요. 꽃은 봄에 암수딴그루로 암꽃은 잎겨드랑이에 1~3송이, 수꽃은 여러 송이가 모여서 피어요. 열매는 둥글고 붉게 익어요.

감탕나무_ 10월 7일

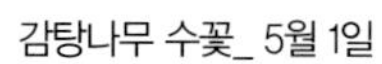

감탕나무 수꽃_ 5월 1일

감탕나무 암꽃_ 4월 11일

감탕나무 열매_ 10월 7일25일

감탕나무 잎_ 12월 25일

먼나무 _먹나무 먼나무

감탕나무과

다른 이름 : 좀감탕나무, 먹나무, 먹낭
꽃 빛깔 : 연자주색
꽃 피는 때 : 5~6월
크기 : 10m

겨울에 꽃만큼 눈길을 끄는 나무가 있어요. 뭔 나무일까요? 바로 먼나무예요. 겨울에도 반들반들하고 푸른 잎 사이에 빨간 열매를 단 나무, 그 위에 눈이 오고 새가 와서 열매를 따 먹는 모습을 본 날은 종일 웃고 다녀요.

제주도에서는 '먹낭'이라고도 해요. '먹처럼 검다'는 뜻으로 먹낭이라 하다가, '먹나무'라 하다가, 먼나무가 됐대요. 먼나무 어디가 검을까요? 줄기가 검어서 먼나무라는 설도 있지만, 줄기는 흰빛을 띠는 잿빛이에요. 잎이 떨어져 마르면서 거뭇거뭇해지는 걸 보고 먹낭이라 했다고도 해요. 떨어진 잎을 찬찬히 보면 수분이 빠지면서 군데군데 시커멓게 변하더라고요.

먼나무는 전라남도 보길도, 제주도 등에서 자라는 우리 나무예요. 남쪽 지역에서 많이 심어 가꾸고, 제주도와 경상남도 거제도에는 먼나무 가로수가 흔해요. 빨간 열매가 조랑조랑 매달려 허전할 수 있는 겨울 도로를 꾸며주죠. 중국과 일본, 타이완에도 있어요.

열매는 10월쯤 익어서 이듬해 봄까지 달려 있어요. 왜 이토록 오래 열매를 달고 있을까요? 먼나무는 먹을 게 모자란 겨울을 나는 산새, 들새한테 먹이가 돼요. 새한테 열매를 주고, 씨앗을 퍼뜨리는 역할을 맡기는 셈이죠. 열매가 빨갛게 익으면 직박구리, 찌르레기, 멋쟁이새… 한두 마리가 날아올 때도 있지만, 우르르 날아와 한 나무에서 뚝딱 따 먹고 갔다가 다시 날아와 옆에 있는 나무를 흔적 없이 따 먹고 가기도 해요.

먼나무 겨울 모습_ 2월 20일

먼나무 수꽃_ 6월 4일

먼나무 잎과 열매_ 2월 20일

먼나무 열매를 문 직박구리_ 1월 5일

익은 열매를 새가 다 먹으면 나무는 어떨까요? 먼나무 과육에는 발아 억제 물질이 있어요. 새가 먹고 식도와 소화기관을 지날 때 과육은 소화되고, 씨는 새똥으로 나와요. 그러면 자연스레 발아 억제 물질이 제거되고 씨는 싹이 날 수 있으니, 최고의 생존 전략이죠. 배고픈 새는 열매를 먹어서 좋고, 나무는 싹 틔워서 좋고. 나무가 새와 더불어 사는 지혜가 놀라워요. 먼나무 꽃말이 '보호' '기쁜 소식'이래요. 어떤 기쁜 소식이 올까요?

꽝꽝나무 _꽝꽝 소리가 나요?

감탕나무과

다른 이름 : 개회양목, 동청
꽃 빛깔 : 흰색
꽃 피는 때 : 5~6월
크기 : 3m

꽝꽝나무는 불에 탈 때 꽝꽝 소리를 낸다고 붙은 이름이에요. 열을 받으면 잎 속에 있던 수분이 부풀어 터지면서 소리가 나죠. 꽝꽝 큰 소리는 아니고 타닥타닥, 퍽 하는 작은 소리예요.

꽝꽝나무는 얼핏 보면 회양목을 닮아 일본에서는 '개회양목', 중국에서는 겨울에도 푸른 나무라는 뜻으로 '동청'이라고 해요. 한라산 성판악에서 백록담 코스로 한 발 한 발 옮기다 보면 숲 바닥에서 싱싱하게 겨울을 나는 좀꽝꽝나무를 많이 봐요. 눈이라도 내려앉으면 다람쥐, 강아지, 거북, 오소리, 공룡 등 온갖 짐승 모습으로 보여 동물 농장이 따로 없어요.

꽝꽝나무는 키가 작고, 가지가 많이 나고, 잎이 촘촘하게 모여 달려요. 가지치기해서 동물이나 새 모양으로 다듬은 나무도 자주 보여요. 모여 자라는 걸 좋아해, 남쪽에서는 산울타리로 많이 심죠. 학교나 공원, 관공서 같은 데 흔해요. 3m 정도 자랄 수 있지만, 가지치기해서 큰 나무를 보기는 쉽지 않아요.

우리나라에는 꽝꽝나무와 좀꽝꽝나무가 있어요. 변산반도와 거제도, 보길도, 제주도 등 주로 섬에 자라고, 한라산에서는 해발 1800m까지 자라요. 두 나무 모두 약 3m로 자랄 수 있는데, 한라산 높은 곳에서는 땅에 붙어서 나직하게 자라죠. 바람을 적게 타야 높은 곳에서 살 수 있으니까요. 전라북도 부안군 변산면 중계리에 꽝꽝나무 군락(천연기념물 124호)이 있

일본꽝꽝나무 다듬은 모습_ 9월 15일

꽝꽝나무 수꽃_ 5월 27일

꽝꽝나무 열매_ 10월 26일

일본꽝꽝나무, 잎 가장자리가 뒤로 말린다._ 8월 9일

좀꽝꽝나무_ 10월 27일

일본꽝꽝나무 암꽃_ 5월 27일

좀꽝꽝나무 겨울 모습_ 2월 9일

꽝꽝나무와 회양목 잎_ 9월 29일

어요. 이곳은 꽝꽝나무가 조금씩 북쪽으로 사는 자리를 넓히다가 더 가지 못한 북쪽 한계점에 있는 지역이에요.

꽝꽝나무는 잎이 어긋나고 길이 1~3cm, 좀꽝꽝나무는 잎이 어긋나고 길이 0.8~1.4cm예요. 둘 다 잎 가장자리에 둔한 톱니가 있어요. 비슷한 회양목은 잎이 마주나고, 가장자리가 밋밋해요. 일본에서 들여와 심는 일본꽝꽝나무는 잎 가장자리가 뒤로 말려 볼록해요.

회양목 _도장나무 박스나무

회양목과

다른 이름 : 도장나무, 화양목, 황양목, 회양나무
꽃 빛깔 : 연노란빛 띤 녹색
꽃 피는 때 : 3~4월
크기 : 7m

"앗, 도깨비나무잖아." 도깨비나무는 제가 회양목한테 붙인 별명이에요. 학교 잔디밭 가에 회양목이 늘어서 있지 뭐예요. 회양목은 강원도, 특히 북한 쪽 회양 석회암 지대에서 많이 자라는 나무라 이런 이름이 붙었어요. 잎이 늘 푸르고 다듬기 좋은 나무죠.

열매를 가르니 세 쪽으로 갈라지고, 도깨비 얼굴이 나타났어요. 부엉이나 소쩍새 같기도 해요. 이른 봄에 피는 꽃은 달콤한 향기가 나지만, 꽃잎이 없어서 눈에 잘 띄지 않아요. 꿀벌이 뒷다리에 꽃가루를 뭉쳐 달고 이 꽃 저 꽃 왱왱 날아다녀요.

회양목은 경상북도, 강원도, 충청북도, 황해도에서 자라요. 중국과 일본에도 있고요. 회양목은 자라는 속도가 아주 느려요. 자연에서 5~6m 자란 나무를 만나면 참말로 반가워요. 잎은 두껍고 타원형이며, 가장자리가 밋밋하고 젖혀져요. 앞면은 반지르르 윤기가 나고요. 더러 회양목 잎을 엄청나게 갉아 먹은 흔적을 봐요. 회양목명나방 애벌레가 입에서 토한 실을 거미줄처럼 엮고 살며 잎을 갉아 먹죠.

목질이 곱고 단단해 예전에 옥새와 도장을 만든 나무라서 '도장나무'라는 별명이 있어요. 조선 시대에 신분을 증명한 호패, 점치는 도구, 궁궐을 출입하는 표신, 얼레빗, 장기 말, 각종 공예품을 회양목으로 만들었어요. 《조선왕조실록》을 인쇄한 나무 활자도 회양목이 많았대요.

회양목_ 6월 30일

회양목 꽃_ 3월 4일

회양목 열매_ 7월 6일

회양목 열매를 가른 모습_ 7월 11일

회양목 겨울 모습_ 2월 2일

회양목보다 잎이 큰 섬회양목_ 9월 13일

꽝꽝나무와 회양목 잎_ 9월 27일

회양목은 도톰하고 작은 잎사귀가 겨울에도 달린 늘푸른나무인데, 겨울에는 잎이 갈색으로 변해요. 미국 식물학자 어니스트 윌슨이 1917년 관악산에서 채집한 회양목과 1989년 단양에서 채집한 회양목을 미국으로 가져가서 윈터그린, 윈터뷰티라는 품종을 만들었어요. 겨울에도 푸르고 아름다운 나무라는 뜻이죠.

영어 이름 박스트리(box tree)는 '박스처럼 네모반듯하게 다듬기 좋은 나무'라는 뜻이에요. 생명력이 강해서 모양을 다듬어도 금세 가지를 뻗어요. 회양목은 개나리, 구상나무처럼 학명에 코레아나(*koreana*)가 들어가요. 한반도 특산종이라는 뜻이죠. 섬 지역에 자라고, 잎자루에 털이 없고, 잎이 큰 섬회양목도 있어요.

화살나무 _나무에 날개가 있어요

노박덩굴과

다른 이름 : 귀전우, 보대회나무, 신전나무, 참빗나무, 홑잎나무, 횟닙나무, 흔립나무
꽃 빛깔 : 노란빛 띤 녹색
꽃 피는 때 : 5월
크기 : 3m

제가 어릴 때 엄마는 산에 나물하러 자주 갔어요. 집에 와서 자루를 풀면 온갖 나물이 들어 있었죠. 두릅, 참나물, 참취, 음나무 순…. 그 안에 한 줌씩 가지런히 든 나물이 홑잎나물이라고 했어요. 조물조물 무친 홑잎나물은 고춧잎나물이랑 비슷한 맛이 났어요. 오랜 시간이 지나서 알고 보니 그게 화살나무 순이더라고요. 화살나무 순으로 나물밥이나 차를 만들어도 좋아요.

화살나무 줄기에는 화살 깃처럼 생긴 코르크질이 2~4줄 붙어 있어요. 화살나무는 왜 코르크 날개를 달까요? 코르크 날개는 자신을 지키려고 만든 조직이에요. 부드럽고 녹색을 띠는 어린줄기는 토끼나 노루 같은 초식동물한테 뜯어 먹히기 쉽거든요.

"먹지 마. 나는 맛이 없어." 이런 신호를 보내려고 맛없고 영양가도 없는 코르크를 만드는 거예요. 먹어보면 퍼석퍼석하고 텁텁한데, 실제로 화살나무 코르크에는 초식동물이 좋아하는 전분이나 당분이 없다고 해요.

화살나무는 '귀전우'라고도 해요. 전우는 '화살대에 다는 새 깃'이고, 귀전우는 '귀신 화살 깃'이란 뜻이에요. 화살대 속도나 방향을 조절하기 위해 새 깃을 달았죠. 화살나무가 《동의보감》에는 '보대회나무', 《물명고》에는 '횟닙나무'로 나와요.

화살나무는 단풍이 고와요. 열매가 익으면 붉은 씨앗이 나오는데, 작은

화살나무 단풍 든 모습_ 10월 7일

화살나무 꽃_ 4월 26일

화살나무 열매_ 10월 7일

회잎나무 꽃_ 4월 20일

회잎나무 열매_ 1월 22일

회잎나무 줄기, 날개가 없다._ 12월 2일

방에서 고개를 쏙 내민 아이처럼 귀엽죠. 학교와 공원, 관공서 등에 산울타리나 경계 나무로 많이 심어서 가까이 볼 수 있어요. 화살나무를 좋아하는 노랑배허리노린재 같은 곤충이 찾아와서 구경하는 재미도 쏠쏠하고요.

화살나무는 여러 가지 약재로 써요. 화살나무랑 많이 닮았는데 줄기와 가지에 날개가 없는 회잎나무도 있어요. 회잎나무 쓰임은 화살나무와 같아요.

사철나무 _나보고 대표래요

노박덩굴과

다른 이름 : 겨우살이나무, 동청, 들쭉나무, 푸른나무
꽃 빛깔 : 연노란색 띤 녹색
꽃 피는 때 : 6~7월
크기 : 2~5m

가을 단풍이 유난히 고운 우리나라 숲에도 늘푸른나무가 많아요. 그 가운데 사철나무가 대표죠. 겨울에 잎이 지지 않고 푸른 잎을 단 나무를 뭉뚱그려 사철나무라 하지만, 이름이 사철나무니까요.

사철나무는 겨울에도 푸르다는 뜻으로 '동청'이라고도 하며, 북한에서는 '푸른나무'라 해요. 황해도와 강원도 이남 바닷가 산기슭에서 절로 자라요. 학교와 공원, 관공서 뜰이나 산울타리, 방화수, 경계 나무 등으로 많이 심고요. 가지치기해서 모양을 다듬기 쉬워, 정원수나 산울타리로 인기가 있어요. 가지를 자르면 새 가지가 나와서 잘 자라거든요.

늘푸른나무도 잎이 늘 그대로 있진 않아요. 새잎이 나고 묵은잎은 떨어지죠. 가을에 잎이 한꺼번에 떨어지는 나무와 견주면 잎을 조금씩, 천천히 가는 편이에요. 사철나무는 이른 봄, 추위가 채 가기 전에 연한 새잎을 내요. 그러고 나면 묵은잎을 서서히 떨궈서 늘 푸르게 보여요.

사철나무는 추운 겨울을 어떻게 견딜까요? 반질반질 윤기가 나고 두껍고 강한 잎에 비밀이 있어요. 잎에 있는 큐티클층이 수분 손실을 막아서, 겨울에도 얼지 않고 잘 견디죠. 잎이 가죽처럼 두꺼운 질감이라고 흔히 가죽질이라고 해요. 그늘에서 잘 살고, 공해에 강해 도시에서도 잘 자라요. 잎 가장자리가 흰 은테사철, 잎 가장자리가 노란 금테사철 등 개량종도 있어요.

사철나무_ 6월 20일

사철나무 꽃_ 7월 1일

사철나무 열매_ 11월 29일

줄사철나무 잎과 줄기_ 9월 12일

줄사철나무 꽃_ 6월 13일

줄사철나무 겨울 모습_ 1월 30일

독도는 동도와 서도로 나뉘는데, 동도에 천연기념물 538호로 지정된 사철나무가 있어요. 독도 지킴이 나무죠. 울릉도에서 사철나무 열매를 먹은 새가 독도로 날아가 똥을 싸고, 그 속에서 나온 씨가 싹이 터 자란 것으로 짐작해요. 독도가 우리나라 섬이라는 걸 증명하듯 말이죠. 사철나무 꽃말이 '변함없음'이듯, 독도가 우리 땅인 건 변함이 없어요.

사철나무 종류에는 줄사철나무도 있어요. 길이 10m 정도로 줄기를 뻗으며 자라, '줄사철' '덩굴들축' '덩굴사철나무'라고도 해요. 남부 지방과 울릉도, 안면도, 백령도, 연평도, 제주도 등 바닷가, 산지 숲 가장자리와 바위 지대에서 볼 수 있어요. 줄기에서 공기뿌리를 내어 다른 나무나 물체에 붙어서 자라죠. 정원수와 바람막이숲, 산울타리로 심고, 뿌리껍질과 열매는 약으로 써요.

참빗살나무 _참빗을 만들었어요

노박덩굴과

다른 이름 : 물뿌리나무
꽃 빛깔 : 연녹색
꽃 피는 때 : 5월
크기 : 8m

산기슭에서 자라는 나무예요. 예전에 이 나무 뿌리로 참빗 살을 만들어서 참빗살나무라 한대요. 참빗은 빗살이 촘촘한 빗이죠. 빗살은 빗에서 가느다랗게 갈라진 낱낱이고요. 참빗을 사용하면 머리카락 사이에 숨어 살던 이가 잘 빠져나오고, 머리도 곱게 빗겼어요. 어릴 때만 해도 집마다 참빗이 필수품이었죠.

참빗살나무는 연녹색 꽃이 피고, 가을부터 눈에 잘 띄어요. 단풍 든 잎 아래 분홍빛 열매가 조롱조롱 달려, 아기방에 매다는 모빌처럼 귀엽거든요. 색이 예쁜 열매가 익어 껍질이 벌어지면 빨간 씨가 나와요. 열매와 단풍이 고와서 학교나 공원, 관공서 뜰에 심고, 겨울 산에서도 잘 보여요. 꽃 같기도, 단풍이 든 것 같기도 한 열매가 참빗살나무의 매력이죠.

어느 해 8월, 산책로에서 참빗살나무 열매에 찾아온 손님을 봤어요. 열매에 빨대같이 긴 입을 꽂고 즙을 빠느라 정신이 없는 노랑배허리노린재였어요. 배가 노란 이 녀석을 참빗살나무에서 본 건 처음이라 더 반가웠죠. 노랑배허리노린재는 노박덩굴에서 흔히 보는데, 참빗살나무도 같은 노박덩굴과니 맛있는 먹이 식물이에요. 짝을 만난 녀석도 있고, 허물벗기 하는 녀석도 있었어요.

손님한테 먹이를 나눠주고도 끄떡없이 사는 참빗살나무는 목질이 단단해서 참빗 살, 도장, 지팡이, 화살 등을 만들었어요. 가지로 바구니도 만들

참빗살나무 열매_ 10월 1일

참빗살나무 꽃_ 5월 21일

참빗살나무 잎_ 9월 1일

참빗살나무 줄기_ 10월 20일

참빗살나무와 노랑배허리노린재_ 8월 18일

좀참빗살나무 열매_ 10월 1일

좀참빗살나무 줄기_ 9월 26일

고요. 가지와 나무껍질은 구충, 진통, 진해 등에 약으로 쓰거나, 민간에서 암 치료제로 써요.

제주도 어리목 어승생악에 가면 굵은 참빗살나무가 많아요. 육지에서 보기 드물죠. 제주도와 전라남도 백양산에는 좀참빗살나무도 있어요. 참빗살나무에 견주면 잎과 열매가 조금 작은 편이고, 쓰임은 참빗살나무와 비슷해요.

말오줌때 _흑진주를 싸고 있어요

고추나무과

다른 이름 : 칠선주나무, 나도딱총나무, 계안청, 담춘자, 음정목, 말오줌낭, 밑오동낭
꽃 빛깔 : 노란빛 띤 연녹색
꽃 피는 때 : 5월
크기 : 5~8m

이름이 특이하죠? 말이 오줌을 못 눌 때 달여 먹여서, 가지를 꺾으면 오줌 냄새가 나서, 열매가 말 오줌보를 닮아서, 가지를 말채찍으로 썼다고… 이름에 전해지는 이야기가 많아요. 말오줌때는 주로 따뜻한 남쪽 산기슭이나 바닷가 숲에서 보이고, 해안을 따라 중부 지역까지 자라는 나무죠. 중국과 일본, 타이완에도 있어요.

말오줌때는 다른 나무들과 어울려 자라고, 연녹색 꽃이 자잘하게 피어서 눈에 잘 띄지 않아요. 그런데 8월 말쯤 되면 신기한 일이 벌어져요. 둘레가 온통 녹색인데, 거기 있을 것 같지 않은 빨간 열매 때문에 눈이 가요. 한번은 운전하고 지나가다가 깜짝 놀랐어요. 말오줌때 열매를 보다가 차가 휘청했거든요. 말오줌때 열매는 껍질이 꽃처럼 빨갛고, 속도 빨개요. 거기에 까맣고 반들반들한 씨가 뙤록뙤록 달려서 매력을 뽐내죠. 두껍고 빨간 종이로 싼 흑진주 같다고 할까요.

말오줌때 어린순은 나물로 먹어요. 열매는 야아춘자, 뿌리는 야아춘근, 꽃은 야아춘화라 하며 약으로 써요. 전라북도 변산에서는 말오줌때를 '음정목'이라 하고, 여덟 가지 약재(오갈피, 마가목, 음정목, 개오동, 창출, 위령선, 쇠무릎, 석창포)로 술을 빚어요. 이 술이 변산팔선주인데 술로도 마시지만, 기운이 달리거나 잔병치레할 때 먹으면 효능이 있대요. 몽둥이로 맞고 골병든 사람이 이 술을 오래 먹고 나았다는 얘기도 전해져요. 말오줌

말오줌때 열매 맺은 모습_ 10월 7일

말오줌때 꽃 핀 모습_ 5월 29일

말오줌때 열매_ 9월 29일

말오줌때 잎_ 9월 29일

때와 다른 약재를 넣고 끓인 물로 식혜를 만들기도 해요. 이런 지혜가 후손한테 잘 전해지고, 지역 상품으로 개발해 많이 알려지면 좋겠어요.

숲에는 닮은꼴 잎이 많아요. 말오줌때 잎은 마주나고, 작은잎이 5~11장이에요. 가장자리에 날카로운 톱니가 고르고, 뒷면 주맥 아랫부분에 털이 있어요. 마을과 공원, 학교 등에서 말오줌때를 만나면 마을로 놀러 온 말을 본 듯 반가워요.

담쟁이덩굴 _담 타기 선수

포도과
다른 이름 : 돌담장이, 담장이
꽃 빛깔 : 노란빛 띤 녹색
꽃 피는 때 : 5월 말~7월
크기 : 길이 10m

담장을 잘 기어오르는 덩굴이라고 담쟁이덩굴이에요. '돌담장이'라고도 하는데, 담장뿐 아니라 바위도 잘 오르니 어울리는 이름이죠. 담쟁이덩굴이 담 오르기 선수인 것은 흡착뿌리(흡착근) 덕분이에요. 청개구리 발처럼 찰싹 붙어서 매끈한 벽도 잘 올라가요.

흡착뿌리는 작은 틈을 파고들어 끈적끈적한 타닌 성분 물질을 낸 다음, 빨리 굳어서 붙어요. 담쟁이덩굴 흡착뿌리는 붙으면 좀처럼 떨어지지 않는데 빨판, 부착근이라고도 해요. 공기뿌리의 하나라고 기근, 줄기가 변해서 만들어진 조직이라고 부정근이라고도 하죠.

한여름 숲은 담쟁이덩굴이 있어서 더 푸르러요. 바위나 나무를 타고 올라간 담쟁이덩굴 숲은 눈이 다 시원해요. 담쟁이덩굴은 햇빛을 받기 위해 기를 쓰고 위로 올라가요. 스스로 양분을 만들어 살아가는 나무는 햇빛이 꼭 필요하니까요. 시멘트나 콘크리트 담장을 가리려고 담쟁이덩굴을 심기도 해요.

저것은 벽
어쩔 수 없는 벽이라고 우리가 느낄 때
그때
담쟁이는 말없이 그 벽을 오른다.

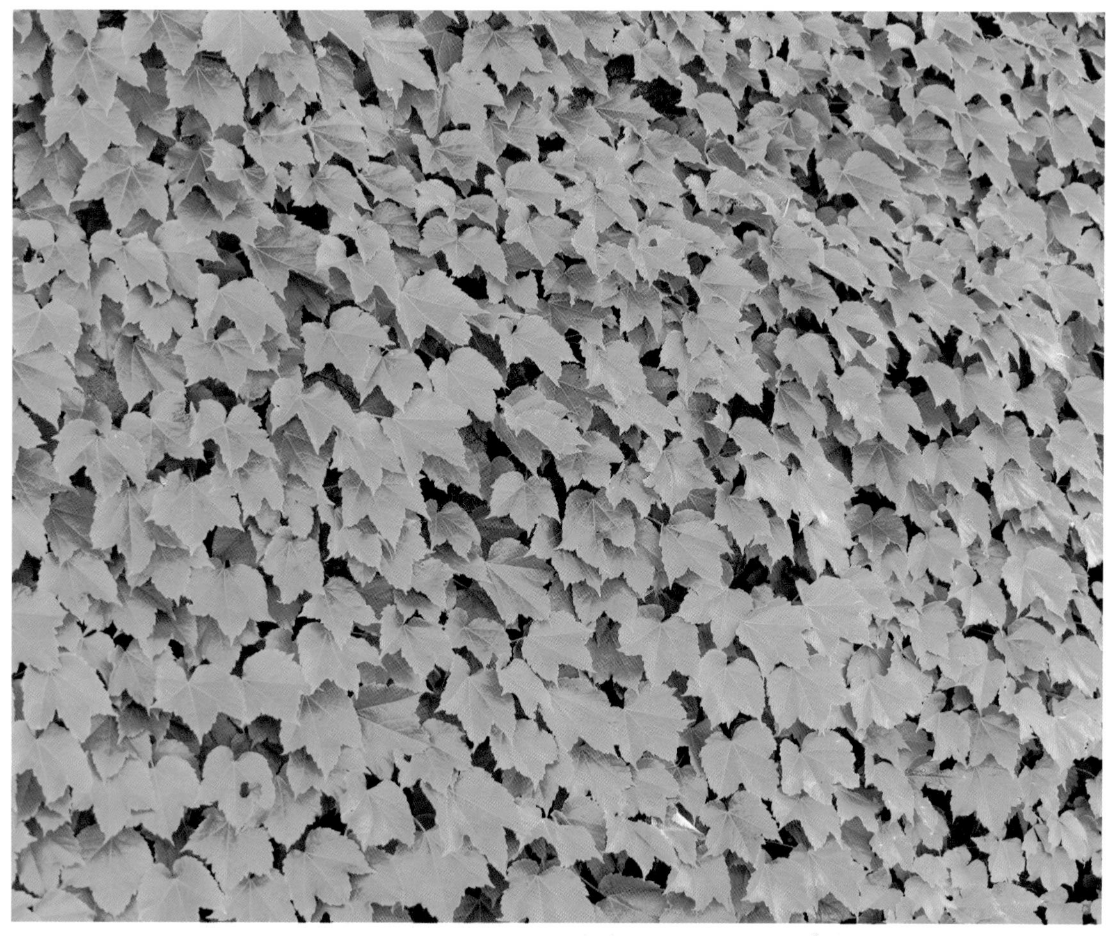

담쟁이덩굴_ 6월 3일

담쟁이덩굴 흡착뿌리_ 10월 25일

담쟁이덩굴 단풍_ 11월 27일

담쟁이덩굴 열매_ 8월 25일

미국담쟁이덩굴_ 7월 12일

미국담쟁이덩굴 단풍_ 10월 30일

미국담쟁이덩굴 꽃_ 7월 12일

도종환 시인이 쓴 '담쟁이' 일부예요. 담쟁이덩굴이 벽을 덮으며 자라는 걸 보면 이 시가 생각나요.

미국담쟁이덩굴

북아메리카가 고향이고, '양담쟁이'라고도 해요. 미국담쟁이덩굴은 흡착뿌리가 없어요. 작은잎 다섯 장으로 된 손바닥 모양 잎 가장자리에 날카로운 톱니가 있어요. 6~7월에 노란빛을 띤 녹색 꽃이 피어요. 잎겨드랑이나 짧은 가지 끝에서 꽃차례가 나와 많은 꽃이 달려요. 이런 꽃차례를 취산꽃차례라 하죠. 담쟁이덩굴처럼 돌담이나 바위 등을 타고 올라가서 담장을 가리는 용도나 조경용으로 심어요. 담쟁이덩굴처럼 가을에 낙엽이 지고, 열매가 검게 익어요.

뜰보리수 _빨간색이 어디서 왔을까?

보리수나무과

다른 이름 : 녹비늘보리수나무, 뜰보리수나무
꽃 빛깔 : 연노란빛
꽃 피는 때 : 4~5월
크기 : 3m

뜰에 심는 보리수나무라는 뜻이에요. '뜰보리수나무'라고도 해요. 아는 분이 뜰보리수 열매를 따러 오라고 했어요. 잘 익었는데 먹을 사람이 없다고요. 신나게 달려가니 세상에나, 빨간 열매가 가지가 무겁게 달린 거예요. 텃밭 가에 심은 뜰보리수에 달린 열매가 꽃처럼 예뻤어요.

"정말 잘 익었네."

늘어진 가지마다 루비가 조랑조랑 달린 것 같았어요. 그저 열매를 먹기 위해 심는 나무라고 생각했는데, 보기 위해 심어도 좋겠더라고요. 한 줌 따서 입에 툭 털어 넣었어요. 새콤달콤하고 떫었어요. 볼이 미어지도록 오물오물 먹었죠. 불러준 사람도 고맙고, 이토록 예쁘고 맛난 열매를 매단 나무도 고마웠어요.

'이 빨간색이 어디서 왔을까?' '이 맛이 어디서 왔을까?' 아무리 생각해도 신비로워요. 나무가 햇빛을 받고 물과 양분을 빨아들여 꽃 피우고 열매를 익힌다는 게 자연스러우면서도 기적 같아서요.

식물에서 잎은 광합성을 해 탄수화물을 만들고, 이걸 자당이나 소르비톨 형태로 열매에 보낸대요. 광합성은 공기 속에 있는 이산화탄소를 흡수해 잎에서 탄수화물을 만드는 과정이죠. 그래서 잎이 많으면 탄수화물을 많이 만들어 열매로 당을 더 보낼 수 있어요. 잎이 광합성을 잘 못 하면 열매의 당도가 떨어져요. 장마철에 과일이 덜 단 건 모자란 햇빛만큼 광합성

뜰보리수 열매_ 6월 19일

연노란빛 뜰보리수 꽃_ 4월 11일

뜰보리수 열매_ 6월 19일

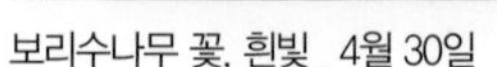

보리수나무 꽃, 흰빛_ 4월 30일

보리수나무 열매_ 10월 26일

보리수나무 열매_ 10월 19일

을 덜했기 때문이에요.

뜰보리수는 고향이 일본이고, 우리나라에 심어 가꾸죠. 봄에 연노란색 꽃이 올망졸망 피어요. 긴 타원형 열매는 길이 1.5cm 정도로, 처져서 달리고 7월에 붉은색으로 익어요. 우리 산에서 자라는 보리수나무하고 달라요.

보리수나무

보리밥나무와 비슷한 열매가 달려서 보리수나무예요. 우리나라 산에 자라고, 열매는 보리수라 해요. 팥알보다 작고 동그란 보리수는 하얀 점이 다닥다닥 있고, 가을에 익으면 달짝지근해요. 추석 지나고 산에서 따 먹은 보리수가 정말 달고 맛있었어요. 보리수는 옛날에 나라에 진상했어요. 꽃은 흰색에서 연노랑으로 바뀌어요. 뜰보리수는 처음부터 연노란 꽃이 피죠.

보리밥나무

보리밥나무는 '보릿고개에 열매가 보리보다 먼저 익는 밥나무'라는 뜻이에요. 덩굴로 자라서 '덩굴볼레나무'라고도 해요. 바닷가에 자라고, 가을에 꽃이 피어서 이듬해 봄에 열매가 익어요. 봄에 익는다고 '봄보리수'라고도

보리밥나무 꽃_ 11월 6일

보리밥나무 열매_ 2월 2일

보리밥나무 익은 열매_ 3월 30일

보리장나무 열매_ 1월 31일

보리밥나무와 보리장나무 잎_ 12월 6일

하죠. 뜰보리수나 보리수나무 열매처럼 먹을 수 있어요.

늘푸른나무고 바람막이나무로 심기도 해요. 어린 가지에 은백색이나 연한 갈색 비늘털(인모)이 있어요. 잎 양면과 잎자루에 은백색 비늘털이 있다가 앞면의 것은 떨어져요. 보리장나무는 잎 양면과 잎자루에 갈색 비늘털이 있다가 앞면의 것은 떨어지고요.

황근 _노란 무궁화

아욱과

다른 이름 : 갯부용, 갯아욱, 노란무궁화, 노랑무궁화, 해빈목근
꽃 빛깔 : 노란색
꽃 피는 때 : 6~8월
크기 : 1~3m

우리나라에 노란 무궁화가 있어요. 제주 가마초등학교 교화가 '노란무궁화'라고도 하는 황근이에요. 가마초등학교에서 황근을 보고 흐뭇했어요. 학교를 상징하는 교화가 지역 날씨와 자연환경에 맞으면 더 뜻깊을 테니까요. 노란색 꽃이 차분하고 단아해요.

황근은 우리나라 나무예요. 제주도와 전라남도 일부 지역 바닷가 모래땅과 바위가 있는 곳에서 자라요. 황근은 바닷물이 드나드는 곳에서 잘 자라고, 나무와 씨 모두 소금기를 견디는 힘이 있어요. 무궁화속 나무인데 노란 꽃이 피어서 누를 황(黃), 무궁화 근(槿)을 쓰죠. 일본에도 있어요.

얼마 전만 해도 제주도 바닷가에서 보이던 황근이 자라는 곳과 나무 수가 많이 줄었는데, 지금은 학교와 공원, 올레 등에서 쉽게 만날 수 있어요. 환경부가 제주시 김녕해수욕장 둘레와 서귀포시 법환동 해안 도로 등에 황근 복원 사업을 했거든요. 서귀포시 성산읍 오조리 식산봉 둘레길은 우리나라 황근 자생지 가운데 가장 넓어요.

자연 상태에서 황근 수가 왜 줄었을까요? 해안 도로를 내고 개발하면서 훼손되다 보니 자랄 터가 좁아졌기 때문이에요. 황근이 사라질 위기에 처하자, 정부는 제주도와 여미지식물원을 중심으로 황근 수를 늘리는 특별 사업을 벌였어요. 여미지식물원은 2003년 환경부가 '멸종 위기 및 보호 야생식물의 서식지 외 보전 기관'으로 지정한 곳이기도 해요.

황근 꽃_ 8월 2일

황근_ 8월 9일

황근 잎_ 8월 2일

황근 단풍 든 잎_ 11월 22일

황근은 환경부 지정 멸종 위기 야생식물 2급이에요. 야생동식물보호법에 따라 황근을 채취·훼손하거나 말라서 죽게 하면 3년 이하 징역이나 300만 원 이상 2000만 원 이하 벌금에 처하는 처벌 규정이 있어요.

황근은 잎이 예쁘고, 단풍도 고와요. 복원 사업으로 터를 잡아 꽃이 피는 황근을 보면 흐뭇해요. 바다와 푸른 하늘을 배경으로 피는 황근 꽃, 제주도의 자랑이죠.

무궁화 _상상의 꽃, 샤론의 장미

아욱과

다른 이름 : 무궁화나무, 근화, 훈화초
꽃 빛깔 : 분홍빛
꽃 피는 때 : 8~9월
크기 : 2~4m

무궁화 무궁화 우리나라 꽃
삼천리 강산에 우리나라 꽃

동요 '무궁화' 노랫말 일부예요. 나라꽃 무궁화는 놀랍게도 고향이 중국, 인도 등이래요. 애국가 후렴에도 '무궁화 삼천리 화려 강산 대한 사람 대한으로 길이 보전하세'라고 나오죠. 무궁화를 나라꽃으로 규정한 법 근거는 없대요. 갑오개혁을 겪으며 선각자들이 나라꽃에 대한 필요성을 느꼈고, 1910년 국권을 빼앗기면서 무궁화는 민족정신의 상징이 됐어요. 상하이임시정부에서 만든 〈대한독립선언서〉 위쪽에 태극기와 무궁화 도안이 있고, 일제강점기에 독립지사들이 민족혼을 깨우고 독립 정신을 드높이는 상징으로 썼대요. 그러다 해방이 되면서 자연스럽게 나라꽃이 됐죠.

무궁화는 나라꽃이니만큼 학교와 관공서, 공원 등에 많이 심어요. '근화'라고도 하죠. 고대 중국의 지리서 《산해경》에 "군자국에는 훈화초가 있는데, 아침에 피었다가 저녁에 진다"고 나와요. 훈화초는 무궁화를, 군자국은 우리나라를 뜻해요. 조선 시대에 장원급제 한 사람한테 내린 어사화가 무궁화 꽃이라고 전해져요. 서양에서는 무궁화를 상상 속에 있는 이상의 꽃 '샤론의 장미(rose of sharon)'라며 즐겨 가꾼대요. 꽃이 핀 무궁화를 보면 어릴 때 부른 노래가 흥얼거려져요.

무궁화_ 7월 23일

흰 품종 무궁화_ 7월 23일

무궁화 꽃봉오리_ 7월 6일

무궁화 진 꽃_ 8월 1일

무궁화 열매_ 10월 29일

무궁 무궁 무궁화 무궁화는 우리 꽃
피고 지고 또 피어 무궁화라네

1959년 《새싹 노래 선물》에 발표된 '무궁화 행진곡' 일부예요. 무궁화는 꽃 한 송이가 피는 시간은 짧아요. 새벽쯤 피어서 오후가 되면 시들고, 밤이면 떨어진다고 하죠. 다음 날 다른 꽃이 피어 꽃과 꽃이 끝없이 이어서 피는 꽃이라고 무궁화예요.

무궁화 기본 꽃 빛깔은 분홍이고, 꽃잎 안 아래쪽에 붉은 무늬가 있어요. 꽃 색에 따라 흰무궁화, 단심무궁화 등이 있고, 꽃잎 수에 따라 겹꽃, 반겹꽃, 홑꽃이 있어요. 품종은 무궁화삼천리, 무궁화화합, 무궁화창해,

하와이무궁화_ 9월 13일

무궁화천리포, 무궁화한마음, 무궁화새얼, 무궁화광복 등 많고요. 태극기를 다는 깃봉이 무궁화 꽃봉오리 모양이에요. 정부와 국회 포장은 무궁화 꽃을 도안했고요.

열매는 꽃봉오리 모양과 비슷하고, 익어서 벌어지면 다섯 개 방에서 털이 있는 납작한 씨가 나와요. 꽃 색이 여러 가지인 하와이무궁화는 고향이 중국 남부, 인도 동부, 말레이시아 등이에요.

백서향 _별을 물고 향기를 뿜어요

팥꽃나무과

다른 이름 : 백서향나무, 흰서향나무
꽃 빛깔 : 흰색
꽃 피는 때 : 2월 말~4월
크기 : 1m

희고 상서로운 향기가 나는 꽃이라고 백서향이에요. '흰서향나무'라고도 하죠. 늘푸른떨기나무로 키가 1m 정도 자라요. 전라남도와 경상남도, 제주도 등 바닷가 산기슭에 살아요. 따뜻한 남부 지방에서는 심어 가꾸고, 추운 지방에서는 화분에 심어 실내에서 키우죠.

해마다 2월 말이면 백서향을 보러 거제도로 갔어요. 꽃샘바람이 차도 백서향은 새하얀 별을 물고 향기를 뿜었어요. 백서향 꽃말이 '꿈속의 사랑'인데, 갑자기 이런 상상을 해봤어요. '백서향에 향기가 없어도 해마다 이 먼 곳까지 보러 올까?'

백서향은 암수딴그루예요. 갸름한 공 모양 열매는 5~6월에 붉게 익고, 독이 있어요. 우리나라에는 흰 꽃이 피는 백서향 종류가 두 가지 있어요. 백서향과 제주백서향. 백서향은 꽃받침통에 털이 있고, 잎이 넓은 피침형이에요. 제주백서향은 꽃받침통에 털이 없고, 잎이 긴 타원형이죠. 제주백서향은 2013년에 신종으로 발표됐어요.

제주백서향은 제주 곶자왈에 있는 보기 드문 나무예요. 곶자왈은 숲이 무성해서 바닥에 햇빛이 잘 들지 않는 곳이 많은데, 제주백서향은 햇빛이 쨍한 곳보다 습기가 있고 그늘진 곳을 좋아하죠.

백서향과 제주백서향은 숲에서 줄어드는 식물이에요. 자라는 곳도 좁은데, 그나마 사람들이 옮겨 가 안타까워요. 백서향을 키우는 기술이 발달해

백서향_ 2월 21일

제주백서향, 백서향보다 잎이 갸름하다._ 3월 15일

서향_ 4월 3일

서향 꽃꽂이_ 3월 31일

이제 꽃집에서도 살 수 있다니, 손 놓고 사라지는 걸 지켜보지 않아 다행이라고 해야 할까요?

서향

상서로운 향기가 나는 꽃이라고 서향이에요. 고향이 중국이고, '서향화'라고도 해요. 늘푸른떨기나무로 키가 1m 정도 자라죠. 서향은 바람이 지나가면 1~2km 떨어진 곳에서도 꽃향기가 난다는 사람이 있어요. 그래서 '천리향' '만리향'이라는 별명이 붙었나 봐요. 우리나라에는 고려 충숙왕이 원나라에 인질로 갔다가 1316년에 돌아올 때 가져온 기록이 있어요. 1254년 최자가 쓴 《보한집》에 서향화가 나오니, 그 전에 들어왔을 거예요.

꽃은 안은 흰빛, 바깥은 붉은 자줏빛이에요. 실제는 꽃받침이고, 꽃잎이 퇴화하고 없죠. 암수딴그루로 2월 말~4월에 꽃이 피고, 우리나라에 들어온 나무는 거의 수나무라 열매를 잘 맺지 않아요.

이나무 _빙긋 웃게 되는 이름

이나무과

다른 이름 : 의나무
꽃 빛깔 : 노란빛 띤 연녹색
꽃 피는 때 : 4~6월
크기 : 높이 15m

오래전 1월, 꽃동무랑 창원 산복 도로를 지나다가 빨간 열매가 주렁주렁 달린 나무를 봤어요. 한겨울에 풍성한 열매가 달린 나무라니! 눈과 맘을 사로잡았죠. 주차장에 차를 대고 나무를 만나러 가는데, 가까이 갈수록 눈이 커졌어요. 줄기가 생각보다 굵고, 키도 크고, 잔가지는 별로 없고, 가지마다 열매가 포도송이처럼 주렁주렁 달려서요. 한겨울에 가지가지 빨간 열매를 만나니 설레고 기뻐서 물었죠.

"이 나무가 무슨 나무일까요?"

"처음 보는 나무인데요."

그래서 이렇게 말했죠. "이 나무는 이나무예요."

꽃동무는 어리둥절하더니 금세 알아채고 흥분했어요. "이 나무가 이나무예요?"

"네, 이 나무가 이나무예요. 하하하." 이나무 덕분에 신나게 웃었죠. 보약 한 제 먹은 셈이에요.

요즘은 공원이나 학교에도 이나무가 더러 보여요. 이나무를 처음 만난 때는 다른 나라에서 들어온 나무인 줄 알았어요. 숲에서 본 일이 없었거든요. 제주도 곶자왈에서 자생하는 이나무를 보고 어찌나 반갑고 고마웠는지 몰라요. 우리나라에는 이나무가 제주도와 전라도에 자라요. 내장산이 이나무 북방 한계 지역이래요.

이나무 여름 모습_ 8월 30일

이나무 잎_ 8월 30일

이나무 잎자루의 꽃밖꿀샘_ 7월 23일

이나무 열매_ 1월 4일

이나무 줄기, 이 모양 피목이 많다._ 1월 4일

잎이 오동나무를 닮아서 의동이라 하다가, 의나무라 하다가, 이나무가 됐대요. 중국에서는 이나무로 거문고와 비파를 만들고, 일본에서는 밥을 쌀 수 있을 만큼 큰 잎이 오동나무 잎을 닮았다고 '반동'이라 해요. 여기서 '동'은 오동나무를 뜻하죠. 줄기에 있는 피목이 이처럼 보여서, 잎자루에 있는 꽃밖꿀샘이 이를 닮아서 이나무라 한다고 우스갯소리도 해요.

피목은 잎에 있는 숨구멍(기공)처럼 나무껍질에서 공기를 통하게 하는 조직이에요. 주로 코르크층이 발달한 부분에 생기고, 식물 안팎으로 공기가 드나들게 하죠. 피목은 뿌리에도 있어요.

잎자루에는 선점 같은 꿀샘이 있는데, 꽃 바깥에 있는 꿀샘이라고 꽃밖꿀샘(화외밀선)이라 하죠. 꽃밖꿀샘은 초식을 하는 절지동물 들이 오지 못하게 이들의 천적인 개미, 말벌, 무당벌레 등을 불러들이려고 꽃 아닌 조직에서 꿀을 분비해요.

배롱나무 _100일이나 붉다고요?

부처꽃과

다른 이름 : 백일홍, 목백일홍, 나무백일홍, 자미화, 간지럼나무, 원숭이미끄럼나무
꽃 빛깔 : 진분홍색
꽃 피는 때 : 7월 말~9월
크기 : 5m

100일 정도 붉은 꽃이 피어서 백일홍나무라 하다가, 배기롱나무라 하다가, 배롱나무가 됐어요. '백일홍'이라고도 하는데, 한해살이풀에 백일홍이 있어서 '목백일홍' '나무백일홍'이라고도 하죠. 중국 당나라 때 자미성에 많아서 '자미화'라고도 해요.

꽃은 더위가 시작될 때부터 여름이 끝날 때까지 피어요. 한 꽃이 오래가는 게 아니고, 차례로 피어서 꽃 피는 기간이 100일쯤 된다고 본 셈이죠. 예전엔 붉은 꽃이 많았는데, 요즘은 분홍이나 보랏빛 꽃도 자주 보여요. 흰 꽃이 피는 건 흰배롱나무예요.

경주 서출지, 고창 선운사, 강릉 오죽헌 등 배롱나무가 아름다운 곳이 많아요. 배롱나무는 서 있는 것만으로 멋진 풍경이 되죠. 경상북도 울진의 백암온천로에는 배롱나무 가로수가 있어요. 들판이랑 산이 온통 녹색일 때 배롱나무 꽃이 화사하게 핀 길을 걸으면 신선이 된 기분이에요.

배롱나무는 겨울에 줄기가 돋보여요. 오래되면 나무껍질이 벗겨지는데, 각각 벗겨진 때가 달라서 얼룩무늬가 생기거든요. 근육처럼 울퉁불퉁 불거지기도 하고요. 줄기를 간지럽히면 가지가 흔들리고 이어 잎이 흔들린다고 '간지럼나무'라고도 해요. 하지만 나무는 작은 자극을 전달할 신경세포가 없대요. 일본에서는 줄기가 매끈해 원숭이가 떨어질 만큼 미끄럽다고 '원숭이미끄럼나무'라 해요.

배롱나무_ 8월 19일

배롱나무 줄기_ 9월 27일

배롱나무_ 11월 22일

배롱나무 열매_ 12월 10일

흰배롱나무 꽃_ 8월 25일

배롱나무는 학교와 공원, 관공서, 절, 향교, 서원 등에서 흔히 볼 수 있어요. 어릴 때부터 봐서 우리 나무인가 싶지만, 고향은 중국 남부 지역이에요. 고려 고종 때 최자가 쓴《보한집》에 자미화가 나오니, 우리나라에는 그 전에 들여와 심었을 것으로 짐작해요. 예부터 우리 조상들은 배롱나무로 시를 짓고 꽃을 보며 즐겼어요. 성삼문의 시조 '배롱나무'에 나무 특징이 잘 나타나요.

지난 저녁 꽃 한 송이 떨어지고
오늘 아침 꽃 한 송이 피어서
서로 일백일을 바라보니
너를 대하여 즐겁게 한잔하리라

석류나무 _홍일점의 유래가 됐어요

석류나무과

다른 이름 : 석누나무, 석류
꽃 빛깔 : 주홍색
꽃 피는 때 : 5~7월
크기 : 4~10m

석류나무는 강릉명륜고등학교 교화예요. 여름에 피는 꽃 가운데 홍일점이란 말의 유래가 된 나무죠. 석류나무 꽃은 녹색 잎 사이에서 붉디붉게 피어요. 홍일점은 '푸른 잎 가운데 핀 한 송이 붉은 꽃'으로, '많은 남자 틈에 하나뿐인 여자'를 비유하기도 하고, '여럿 가운데 특별히 눈에 띄는 하나'를 뜻하기도 해요. 석류나무 꽃이 5~7월에 피는데, 천지에 녹색이 짙을 때라 붉은 꽃이 단연 돋보여요. 홍일점은 중국 문인 왕안석이 쓴 '영석류시(詠石榴詩)'에 나와요.

> 온통 초록 가운데 빨간 꽃 한 송이(萬綠叢中紅一點)
> 사람을 움직이는 봄빛 많은들 무엇하리(動人春色不須多)

그럼 청일점을 뜻하는 꽃은 뭘까요? 청일점을 비유하는 꽃은 없어요. 응용력이 좋은 우리나라 사람들이 홍일점에 대응하는 말로 '많은 여자 틈에 하나뿐인 남자'를 청일점이라 했죠.

석류나무 열매인 석류는 껍질을 벗기고 새콤달콤한 과육을 생으로 먹어요. 청량음료나 건강식품을 만들기도 하고요. 복주머니를 닮은 열매 속에 있는 여러 개 방마다 작은 씨가 들었는데, 이걸 즙이 많은 빨간 과육이 싸고 있어요. 한방에서는 열매껍질을 석류피라 하며 약으로 써요.

석류나무 열매_ 9월 29일

석류나무 꽃_ 6월 30일

석류나무 열매, 석류_ 10월 23일

열매 안에 많은 씨가 다산을 상징해, 우리 조상들은 활옷이나 원삼 같은 혼례복에 석류 문양을 새겼죠. 당초무늬나 자기, 조선 시대 왕비의 대례복, 여자들이 저고리에 덧입는 당의, 골무, 가구 등에도 석류가 있어요. 비녀 꼭지에 석류나무 꽃을 새긴 석류잠, 석류 모양 향주머니도 있고요. 석류나무는 안식국(이란)에서 나고, 돌을 좋아한다고 뿌리에 돌을 싸서 심은 기록도 있어요.

석류나무는 이란, 파키스탄, 아프가니스탄과 지중해 연안이 고향이에요. 조선 후기 세시풍속을 적은 《동국세시기》에 '과일나무 시집보내기'라는 풍속이 나와요. 설날에 석류나무 가지에 돌멩이를 얹고 석류가 많이 열리길 기원했대요. 과일나무는 자극을 받으면 위험을 느껴 자손을 많이 퍼뜨리려고 열매를 더 맺으니, 과학적으로 근거가 있는 풍속이죠.

말채나무 _말채찍으로 썼대요

층층나무과

다른 이름 : 말채목, 조선층층나무, 빼빼목, 신선목
꽃 빛깔 : 흰색
꽃 피는 때 : 6월
크기 : 10m

말채찍으로 쓴 나무라고 말채나무예요. 가지가 탄력이 있고 단단해서 잘 부러지지 않아요. 말채찍은 원하는 쪽으로 가자고 말한테 신호 보낼 때 쓰는 것이니 낭창낭창하고 부드러운 가지가 좋았겠죠.

옛날에 한 장군이 백성을 위해 용감히 싸우다 장렬하게 전사했는데, 그가 쓰던 말채찍을 땅에 꽂으니 자라서 말채나무가 됐다는 전설이 있어요. 계룡산 갑사에도 말채나무 이야기가 전해져요. 고구려 승려 아도화상이 갑사를 세우고 말을 이끌고 절로 들어가려는데, 말이 들어가지 않으려고 버텼대요. 여러 가지 방법을 써도 꼼짝하지 않다가, 절 입구에 있는 말채나무 가지를 잘라 말을 툭 치니 안으로 들어가더래요. 그 뒤 절 입구에 말채나무를 많이 심었다고 해요.

마을이나 숲에서 우뚝 자란 말채나무를 봐요. 꽃이 좋고 오래 살아서 멋진 나무가 많아요. 흰 꽃이 풍성하게 피어, 학교나 공원에 한 그루만 있어도 둘레가 다 환하죠. 짙푸른 초여름에 꽃이 무리 지어 피면 나무를 하얗게 뒤덮어요.

이때 온갖 벌과 나비, 곤충이 모여 꿀을 빨죠. 특히 벌이 좋아하는 꽃들이 있는데, 말채나무 꽃이 몇 손가락에 들어요. 층층나무 꽃도 마찬가지예요. 옆에 다른 나무가 화려한 꽃을 피워도 말채나무나 층층나무 꽃이 질 때까지 모여든다니까요. 벌은 이런 습성이 있어 다른 꽃 벌꿀 생산이 가능

말채나무 꽃 핀 모습_ 5월 30일

말채나무 꽃_ 5월 28일

말채나무 줄기_ 5월 28일

말채나무 잎, 측맥 4~5쌍_ 5월 28일

곰의말채나무 잎, 측맥 6~10쌍_ 6월 5일

곰의말채나무 줄기_ 9월 24일

곰의말채나무 열매_ 9월 4일

해요. 이를테면 귤꿀, 밤꿀, 아까시꿀, 때죽나무꿀, 꿀풀꿀 등 차별화된 꿀을 뜨기도 하죠.

말채나무 열매는 9~10월에 검게 익어요. 민간에서는 줄기껍질과 잎, 열매를 약으로 써요. 달여 마시면 다이어트에 좋다고 '빼빼목', 신선처럼 몸이 가벼워진다고 '신선목'이라고도 해요. 한방에서 이뇨와 부종에 쓰지만, 2012년 식품의약품안전처(당시 식품의약품안전청)가 안정성이 확인되지 않아 식품 원료로 쓸 수 없다고 발표했어요. 목재는 건축재나 가구재로 쓰고요.

말채나무 잎은 측맥이 4~5쌍, 곰의말채나무는 6~10쌍이에요. 곰의말채나무 꽃은 말채나무보다 늦은 6월 말~7월에 하얗게 피어요.

층층나무 _몇 층일까요?

층층나무과

다른 이름 : 계단나무, 물깨금나무, 꺼그렁나무
꽃 빛깔 : 흰색
꽃 피는 때 : 5월
크기 : 20~25m

가지가 층층이 난다고 이런 이름이 붙었어요. 영어 이름은 웨딩케이크트리(Wedding cake tree)고요. 서양에서는 이 나무를 보고 여러 단으로 만든 웨딩 케이크를 떠올린 모양이에요. 꽃이 층층이 피면 커다란 케이크 같기도 해요.

하얀 꽃이 가지가지 피면 그야말로 꽃나무예요. 향기도 좋고요. 가지가 층층이, 옆으로 뻗으며 자라서 다른 나무가 햇빛을 못 받게 한다고 곱지 않게 보는 사람도 있어요. 무법자 나무, 폭목이라면서요. 층층나무는 생긴 대로 사는 것뿐인데요. 생태는 옳고 그름의 잣대로 저울질하지 말고 있는 그대로 보고, 다름을 인정해야 한다고 생각해요.

층층나무는 1년에 한 층씩 자라서 나이를 가늠하기 쉬워요. 잎이 층층이 있어 한여름에 층층나무 밑에 가면 그늘이 시원해요. 공원에 층층나무가 많아요. 학교 숲을 가꾼 창원 월영초등학교에도 층층나무가 있고요. 교과서에 나오는 나무를 학교에서 보는 건 복이죠. 학교에서 보고 낯이 익으면 다른 곳에서도 알아보기 쉬워요. 층층나무는 우리나라 산등성이와 골짜기 곳곳에 자라요. 러시아와 중국, 일본에도 있고요.

열매가 달리면 열매자루가 붉어서 꽃인 듯 눈길이 가요. 단풍도 개성 있게 분홍 물이 번지듯 들고요. 층층나무는 독성이 없고, 뿌리와 줄기, 잎까지 여러 가지 약으로 써요. 봄에 꺾인 가지에 흐르는 나뭇진을 받아 마시

층층나무 꽃 핀 모습_ 5월 18일

층층나무 꽃_ 5월 15일

층층나무 여름 모습_ 7월 19일

층층나무 열매_ 7월 19일

층층나무 줄기_ 3월 21일

층층나무 층층이 자라는 가지_ 3월 19일

층층나무 잎, 측맥 5~8쌍_ 8월 29일

면 시원하고 갈증이 없어져요. 숲에서 층층나무에 상처를 내고 나뭇진을 받은 흔적을 더러 봐요.

"아팠겠다. 잘 자라줘서 고마워."

이런 나무를 만나면 괜스레 자꾸 돌아보죠. 속명 코르누스(*Cornus*)는 라틴어로 '뿔'이라는 뜻이에요. 층층나무 재질이 뿔처럼 단단하거든요. 층층나무 목재는 팔만대장경 경판을 만들기도 했어요. 물관 크기가 일정해서 글자를 새기기에 알맞대요.

산딸나무 _까치야, 맛있니?

층층나무과

다른 이름 : 소리딸나무, 틀낭
꽃 빛깔 : 흰색
꽃 피는 때 : 6월
크기 : 7m

산에서 자라고 딸기 닮은 열매가 달려 산딸나무예요. 빨갛게 익으면 먹을 수 있는데, 많이 먹으면 혀에 아린 맛이 남으니 조심해야 해요. 까치와 직박구리가 산딸나무 열매를 쪼아 먹는 걸 봤어요.

산딸나무는 우리나라 중부 이남 산에서 볼 수 있어요. 꽃은 숲이 짙은 녹색이 되는 6월에 피어요. 층층이 환하다 싶으면 산딸나무 꽃일 때가 많아요. 꽃이 왜 층층이 필까요? 가지가 층층이 났기 때문이죠. 그래서 층층나무과에 들어요. 꽃은 흰 나비가 하늘을 날 것처럼 잎 위로 피어요. 눈에 잘 띄려고요.

모인꽃싸개(총포)가 네 장으로 열십(十)자 모양이에요. 모인꽃싸개는 꽃대 끝에서 꽃의 밑동을 싸는 부분을 뜻하는데, 꽃이 자라는 동안 보호하는 일을 해요. 기독교에서는 예수가 도그우드(dogwood)에 못 박혀 돌아가셨다고 전해요. 우리나라 산딸나무하고 조금 다르지만, 같은 집안 나무죠. 흰 꽃잎처럼 보이는 모인꽃싸개가 십자가를 닮아, 기독교에서 성스러운 나무로 여겨요.

진짜 꽃은 가운데 있는 동그란 덩어리예요. 여러 송이가 모여서 딸기처럼 뭉쳐 있죠. 꽃 하나하나가 어찌나 작은지 한 덩어리로 뭉쳐서도 눈에 잘 띄지 않아요. 특별한 향기도 없어서 벌과 나비가 꽃을 쉽게 찾지 못해요. 그래서 산딸나무는 꽃잎처럼 보이는 희고 탐스런 모인꽃싸개 조각을

산딸나무 꽃 핀 모습_ 6월 6일

산딸나무 꽃과 잎_ 6월 6일

산딸나무 열매즙을 빠는 광대노린재_ 8월 13일

산딸나무 열매_ 9월 14일

산딸나무 열매를 먹는 까치_ 10월 7일

만들었어요. 산딸나무 모인꽃싸개 네 장은 꽃잎처럼 생겼고, 꽃을 감싸주며, 꽃이 곤충 눈에 잘 띄게 해요. 긴 꽃자루 위에 있어서 잎이 푸르러도 꽃이 잘 보이는 장치고요.

숲에서 언니가 산딸나무 잎이 제 얼굴을 닮았다고 해서, 어찌나 좋은지 기분이 날아갈 것 같았어요. 동그라면서 살짝 갸름한 잎, 산딸나무 그 숲! 자랑하고 싶네요. 제 숲이라고 찜했거든요.

꽃산딸나무 꽃_ 5월 8일

꽃산딸나무 열매_ 11월 8일

꽃산딸나무

'서양산딸나무'라고도 해요. 고향이 북아메리카예요. 4~5월에 흰 꽃과 붉은 꽃이 잎보다 먼저 피거나, 잎과 같이 피어요. 꽃잎처럼 보이는 모인꽃싸개 조각 끝이 오목하게 들어가요. 꽃산딸나무는 예수가 못 박혀 죽은 나무라고 해서 교회 뜰에 많이 심어요. 우리나라에 개량된 여러 품종이 들어와 있어요.

산수유 _익어도 신 열매

층층나무과

다른 이름 : 산수유나무
꽃 빛깔 : 노란색
꽃 피는 때 : 3~4월
크기 : 7m

산수유 꽃은 개나리랑 진달래보다 일찍 피어요. 이른 봄에 노란 꽃이 환하게 피는 나무는 산수유와 생강나무가 있죠. 산수유는 약으로 쓰려고 밭이나 집 가까이 심으니까, 산에서 노란 꽃이 피면 생강나무라 보면 돼요.

산수유는 꽃과 열매가 아름다워 뜰에 심기도 해요. 꽃이 일찍 피어서 눈을 맞기도 하고요. 나무 이름이 산수유인데 열매도 산수유라 해요. 열매는 씨를 발라내고 말린 다음 약으로 써요. 열매가 작아서 따는 일이 만만치 않아요. 어릴 때 약방에서 산수유를 따는 날이면 친구들이 모여 일손을 도왔어요.

산수유 꽃이 흐드러진 걸 보려고 구례 산동마을에 몇 차례 갔어요. 노란 꽃물결이 출렁이는 동네가 행복한 꿈속 같았죠. 2020년에는 코로나19가 퍼지는 걸 막기 위해 오지 말라고 하는 방송을 봤어요. 어쩌다 찾아오는 사람이 무서운 시절에 사는지…. 너나없이 지킬 걸 지키며 지혜롭게 이겨내서, 예전처럼 꽃도 맘대로 보고 사람도 맘대로 만나면 좋겠어요.

산동마을에서는 산수유 열매를 팔아 자식을 대학에 보냈다고 대학 나무라 했대요. 제주도에서는 귤나무를 대학 나무라 했죠. 둘 다 지역을 알리는 대표 나무예요.

산수유 열매는 시고 떫고 텁텁해요. 아는 과일 가운데 신맛이 가장 강해요. 생으로 먹는 과일이 아니고 약으로 쓰는 열매죠. 옛날에는 처녀가 입

산수유 꽃 핀 모습_ 3월 23일

산수유 꽃_ 3월 19일

산수유 꽃과 눈_ 3월 10일

산수유 잎_ 6월 29일

산수유 열매, 산수유_ 12월 8일

생강나무 잎_ 10월 26일

생강나무 열매_ 9월 2일

생강나무 꽃_ 3월 28일

으로 발라낸 산수유가 약효가 좋다고 값을 더 줬대요. 산수유는 남자한테 좋다는 광고로 잘 알려졌어요. 예부터 산수유는 약한 몸을 살려 건강하게 하는 강장제로 썼대요.

산수유는 나무껍질이 덕지덕지 벗겨져요. 잎은 앞면이 녹색이고 털이 조금 있고, 뒷면은 잎맥 겨드랑이에 갈색 털이 빽빽해요. 산수유는 꽃차례가 길어 꽃이 성긴 듯 보이고, 생강나무는 꽃차례가 짧아 꽃이 가지에 딱 붙은 듯 보여요. 꽃 빛깔은 산수유는 노란색, 생강나무는 연둣빛이 도는 노란색이죠.

송악 _DNA대로 살아요

두릅나무과
다른 이름 : 담장나무, 소밥나무, 상춘등, 토고등
꽃 빛깔 : 노란빛 띠는 녹색
꽃 피는 때 : 9월 말~11월 중순
크기 : 길이 10m

송악은 어릴 때 잎이 아이비와 비슷해요. 하지만 송악은 엄연히 우리나라에 자라는 늘푸른덩굴나무고, 아이비는 서양에서 들여온 원예종이에요. 송악은 전라도, 경상도, 제주도, 울릉도, 충청남도, 인천의 바닷가와 산기슭에서 자라요. 일본과 타이완에도 있고요.

송악은 줄기에서 공기뿌리를 내어 다른 나무를 타고 오르죠. 바위든, 벽이든, 돌담이든 잘 붙어서 올라가요. 다른 나무를 뒤덮으며 자라기도 해요. 그러면 송악과 다른 나무는 서로 햇빛을 받으려고 기를 쓰고 가지를 뻗죠. 송악한테 져서 가지가 죽은 나무도 있어요. 다른 나무를 못살게 한다고 사람들이 밑동을 잘라놓은 송악도 보여요.

덩굴나무가 그렇게 싫다는 사람이 있어요. 숲에 사는 나무를 선악의 기준으로 볼 순 없어요. 송악은 생명 속에 저장된 DNA대로 환경에 맞춰 살아갈 뿐이죠. 다른 나무도 난 자리에서 환경에 적응하며 살아가고요. 그게 자연이에요.

선운사 가는 길에 고창 삼인리 송악(천연기념물 367호)이 있어요. 보기 드물게 크고, 수백 년 된 나무라고 해요. 남쪽 지역에서는 밭담이나 울담을 덮으며 자라는 송악이 자주 보여요. 그래서 송악을 '담장나무'라고도 하죠. 이런 성질을 이용해 길가에 가로수를 타고 올라가게 하거나, 잿빛 시멘트 담장을 가리려고 심기도 해요.

송악, 바위에 붙어 자라는 모습_ 11월 24일

송악 꽃_ 10월 28일

송악 열매_ 3월 17일

송악 줄기 공기뿌리_ 10월 8일

송악 겨울 모습_ 2월 11일

꽃은 가을에 피어요. 눈에 확 띄지는 않지만, 볼수록 귀여워요. 은은한 향도 좋아 파리가 엄청 모여들어요. 열매는 이듬해 봄에 검게 익어요. 잎은 두껍고 반들거리며, 어린 가지에 난 잎과 오래된 줄기에 달린 잎 모양이 달라요. 너무 달라서 같은 나무인가 싶을 때가 있어요. 어린 가지에 달리는 잎은 3~5갈래로 갈라지고, 오래된 줄기에 달린 잎은 둥그스름한 달걀형으로 끝이 뾰족해요. 중간 잎도 있고요.

소가 송악 잎을 잘 먹어서 '소밥나무'라고도 해요. 줄기와 잎은 상춘등이라 하고, 간염이나 고혈압, 지혈 등에 약으로 써요. 열매는 상춘등자라 하고, 가을에 말린 열매를 달여 먹거나 술을 담가요.

팔손이 _공기를 깨끗하게 해요

두릅나무과

다른 이름 : 팔손이나무, 팔각금반, 팔금반, 팔수목
꽃 빛깔 : 우윳빛 도는 흰색
꽃 피는 때 : 10~12월
크기 : 2~4m

손바닥 모양 잎이 여덟 갈래로 갈라지는 게 많아서 붙은 이름이에요. '팔손이나무'라고도 하죠. 잎 지름이 40cm 정도니 거인 손바닥쯤 될까요? 잎자루 길이만 30cm나 되고요. 팔손이 잎은 사실 7~9갈래로 갈라져요. 키가 작은데 잎이 커서 한 그루만 있어도 풍성해요.

한자 이름은 '팔각금반'이에요. 풀이하면 '금빛 잎이 달린 팔각 소반 같은 나무'가 되죠. 잎이 크고 싱그러워서 열대식물인가 싶지만, 팔손이는 우리나라 나무예요. 경상남도 남해, 거제, 제주 등 바닷가나 낮은 산기슭에서 자라요. 추위를 싫어해 중부지방에서는 화분에 심어 실내에 가꿔요. 산울타리로 심기도 하는데, 시간이 지나면 슬그머니 옆집으로 뻗어서 자라는 모습이 보여요. 일본, 중국 남부, 타이완, 인도에도 있고요.

꽃은 겨울이 오기 전에 피기 시작해요. 작은 꽃이 공 모양이고, 냄새도 은은해요. 이때가 10~12월인데, 날이 추워져서 벌과 나비가 거의 없어요. 대신 파리가 잔뜩 와서 꿀을 먹고 꽃가루받이해줘요. 희고 깔끔한 꽃에 파리가 모여든 모습이 좀 우습지만, 팔손이는 파리가 정말 고마울 거예요. 열매는 이듬해 5월에 검게 익어요.

팔손이는 학교나 공원, 관공서 뜰에 흔히 심어요. 민간에서는 팔손이 잎을 목욕물에 넣으면 류머티즘에 좋다고 하는데, 실제로 식물체에 있는 성분이 가래를 삭이거나 진통에 효과가 있다고 알려졌어요.

팔손이 겨울 모습_ 1월 10일

팔손이 꽃 핀 모습_ 11월 17일

팔손이 꽃_ 11월 2일

팔손이 잎_ 10월 2일

요즘은 팔손이를 중부지방에서도 많이 볼 수 있어요. 실내 공기 정화 식물로 키우기 때문이에요. 미세 먼지와 발암물질, 화학물질, 이산화탄소를 빨아들이고, '공기 비타민'이라 하는 음이온을 많이 뿜어낸대요. 잎이 겨울에도 싱싱하고, 가을부터 꽃이 피어 추울 때 꽃집에서 잘 팔리는 나무죠.

황칠나무 _금빛 나는 나무

두릅나무과

다른 이름 : 황칠
꽃 빛깔 : 노란빛 띤 녹색
꽃 피는 때 : 6월~8월 중순
크기 : 15m

황칠나무는 '황금색 칠을 하는 나무'라서 붙은 이름이에요. '칠' 하면 옻칠을 뜻해요. '칠하다'라고 할 때 한자가 옻 칠(漆) 자거든요. 색칠하다, 물감을 칠하다, 페인트를 칠하다라고 할 때 '칠'도 알고 보면 옻칠에서 나온 한자말이죠.

옻나무에서는 옻을 얻고, 황칠나무에서는 황칠을 얻어요. 황칠나무 줄기에 상처를 내면 나뭇진이 흐르는데 이게 황칠이죠. 처음엔 우윳빛이고, 공기에 닿아 산화하면 황금색이 돼요. 옻칠은 붉은 갈색을 내는데, 황칠은 금빛이 나서 삼국시대부터 고급 칠을 하는 공예에 썼어요. 정약용 선생은 황칠을 '맑고 고운 금빛 액'이라 했어요. 황칠을 하면 은빛이 비치는 맑은 황금색이라 나뭇결까지 보여서, 우리 전통 도료 가운데 최고로 쳐요. '옻칠 천년, 황칠 만년'이란 말도 있어요.

《삼국사기》에 백제가 금빛이 나는 갑옷을 고구려에 공물로 보냈다고 나와요. 공주에서 황칠을 한 삼국시대 갑옷이 발견됐고, 신라는 칠전(漆典)이라는 관청을 두고 칠 재료를 관리한 기록도 있어요. 조선 시대에는 어좌를 황칠로 하고, 중국에 조공으로 바치기도 했어요. 이때 관리가 무리한 양을 요구해 백성들이 힘들었다고 해요. 관리가 뇌물까지 요구하며 괴롭히자, 견디다 못한 백성들이 밤에 황칠나무를 도끼로 찍어 넘어뜨리기도 했대요. 조선 후기에는 황칠나무가 사라지다시피 했죠.

황칠나무_ 10월 27일

황칠나무 꽃_ 9월 25일

황칠나무 열매_ 10월 27일

황칠나무 줄기_ 9월 20일

황칠나무 잎_ 10월 25일

이런 사연 있는 나무를 숲에서 처음 봤을 때, 가슴이 마구 뛰었어요. 작은 황칠나무만 보다가 숲에서 큰 나무를 만났거든요. 거제도 바닷가 숲에서 동백나무, 까마귀쪽나무, 생달나무, 육박나무 같은 난대성 나무를 보며 걷다가 황칠나무 잎이 떨어진 걸 보고 눈이 번쩍 뜨였죠. 가까이에 한 아름이나 되는 황칠나무가 우뚝 서 있었어요. 황칠나무 아래서 한참을 올려다보고 서성거리다 안아주고 '내 나무'로 정했어요. 내 나무, 지금도 그곳에서 잘 자라고 있겠죠? 혹시 맘에 드는 나무가 눈에 띄면 '내 나무'로 정해 보세요. 정말 든든하고 새로운 경험이 될 거예요.

황칠나무는 전라도, 경상남도, 제주도에 자라요. 사람들이 애써서 황칠나무를 널리 번식시켰고, 그 효능이 알려져 요즘은 심어 가꾸는 농장도 많아요. 《동의보감》에 황칠나무는 사람을 편하게 하는 진정 효과가 있고, 토할 것 같은 메스꺼움을 가라앉히는 안식향이 난다는 기록이 있어요. 황칠나무에 인삼처럼 사포닌 성분이 많아 나무를 사고파는 사람들이 인삼나무, 산삼나무라고도 해요. 전체를 약으로 쓰고, 닭백숙에 넣기도 해요.

진달래 _봄에 먹는 행복

진달래과

다른 이름 : 참꽃
꽃 빛깔 : 보랏빛 나는 붉은색, 연붉은색
꽃 피는 때 : 3~4월
크기 : 2~3m

봄이면 진달래꽃을 모셔 꽃전을 부치고, 눈으로 먹고 입으로 먹어요. 시간마다 선물이죠. '이제 봄이네. 기운 차리고 올해도 잘 살자' 하는 맘으로요. 그럴 때마다 시 한 수가 생각나요.

> 개울가 큰 돌 위에 솥뚜껑 걸어놓고
> 흰 가루 참기름에 꽃전 부쳐 집어 드니
> 가득한 봄볕 향기가 배 속까지 스민다

조선 시대 임백호가 쓴 '진달래 화전'이란 시예요. 임백호 선생은 35세이던 1583년에 평안도로 부임하는 길에 황진이 묘를 찾아가 제사를 지냈어요. 신분이 엄연하던 때라, 양반이 기녀 묘에 제사 지낸 일이 조정에 알려져 벼슬을 그만둬야 했죠.

우리 조상들은 음력 3월 3일을 삼짇날, 답청절이라 하고 진달래 꽃전을 부쳐 먹었어요. 답청은 '푸름을 밟다'란 뜻이에요. 답청절에 파릇파릇 돋아난 풀을 밟으며 진달래를 따서 개울가에 솥뚜껑 걸어놓고 꽃전을 부쳐 먹는 풍속이 있었어요. 진달래꽃으로 담근 술은 두견주, 되강주라고 해요.

진달래가 피면 산길을 오가다 한 줌씩 따 먹어요. 약한 독이 있는 수술은 떼고 먹어야 해요. 진달래는 이렇게 먹을 수 있어서 '참꽃'이라고도 해

진달래_ 3월 21일

진달래 잎_ 6월 23일

흰진달래_ 3월 15일

진달래 꽃눈_ 11월 15일

진달래꽃_ 4월 2일

진달래 꽃전_ 3월 31일

요. 강한 독이 있어 먹지 못하는 철쭉은 '개꽃'이라 하죠. 참꽃은 진달래를 두고 하는 말이고, 제주도에는 참꽃나무가 따로 있어요.

진달래는 봄에 꽃이 잎보다 먼저 피어요. 꽃이 질 때 잎이 나오고요. 꽃과 뿌리는 한방에서 기관지염, 고혈압, 기침, 신경통, 류머티즘, 신경통 등에 약으로 써요. 흰 꽃이 피는 진달래는 흰진달래예요.

진달래는 백두산에서 한라산까지 어디든 있는 우리 나무죠. 양지바른 곳을 좋아하고, 소나무 아래나 척박한 산성 땅에서도 잘 자라요. 흙에 산성이 강할수록 붉고 짙은 꽃이 핀대요. 봄이면 이 땅 어디서나 진달래가 피고, 시간이 많이 흐른 뒤에도 진달래 꽃전을 선물처럼 먹는 사람이 있으면 좋겠어요. 진달래 꽃전은 봄에 먹는 행복이거든요.

철쭉 _저 꽃을 꺾어다 주겠느냐?

진달래과

다른 이름 : 개꽃, 양척촉, 연달래, 산객, 철쭉나무, 척촉
꽃 빛깔 : 연분홍색
꽃 피는 때 : 4월 말~6월 초
크기 : 2~5m

충청북도 제천 왕미초등학교, 강원도 강릉고등학교, 제주 고산초등학교 교화가 철쭉이에요. 교목과 교화는 1976년 교육부(당시 문교부) 공문을 받고 전국 초 · 중등학교에서 일정 기간에 정했어요. 철쭉이 교화인 학교에 철쭉보다 서양산철쭉이나 영산홍 품종이 많아요.

철쭉은 진달래가 지면 연이어 피어서 '연달래'라고도 해요. 옛 기록에 철쭉을 '척촉' '양척촉'이라 했어요. 꽃이 아름다워 지나가던 나그네가 걸음을 멈추고 머뭇거리며 본다고, 머뭇거릴 척(躑)에 머뭇거릴 촉(躅)을 써요. '산객'이란 이름도 철쭉에 반한 나그네를 뜻하죠.

《삼국유사》에 신라 성덕왕 때 향가 '헌화가' 이야기가 있어요. 순정공이 강릉 태수로 가는데, 부인 수로와 함께 있었어요. "꽃이 참 예쁘구나. 누가 저 꽃을 내게 꺾어다 주겠느냐?" 수로 부인이 말했어요. 꽃이 낭떠러지에 피어 선뜻 나서는 사람이 없었어요. 마침 암소를 몰고 지나가던 노인이 '헌화가'를 지어 바치고 꽃을 꺾어다 줬대요.

> 붉은색 바위 언저리에
> 손에 잡은 암소를 놓아두고
> 나를 아니 부끄러워하신다면
> 꽃을 꺾어 바치오리다

철쭉_ 5월 12일

철쭉 잎_ 5월 4일

철쭉 꽃봉오리, 끈적하다._ 4월 10일

그곳은 대관령이 바다와 만나는 화비령 근처로 전해져요. 강릉 바닷가 쪽에 있는 헌화로에 가면 바위에 새긴 '헌화가'를 볼 수 있어요.

5월이면 설악산, 소백산, 지리산, 황매산, 한라산 등 곳곳에서 철쭉제를 해요. 우리 산과 꽃의 아름다움이 느껴지죠. 하지만 대다수 철쭉제가 산철쭉 꽃이 피었을 때 열려요. 철쭉꽃은 연분홍색이에요.

산철쭉 꽃 핀 풍경_ 6월 8일

산철쭉 잎_ 6월 23일

산철쭉 꽃_ 6월 8일

서양산철쭉 품종_ 5월 1일

서양산철쭉 흰 품종_ 4월 28일

영산홍 품종_ 4월 15일

영산홍 잎_ 2월 19일

산철쭉

'물철쭉'이라고도 하는 산철쭉은 우리나라 산에 고루 자라요. 진달래는 꽃이 먼저 피고, 산철쭉은 꽃과 잎이 같이 나요. 산철쭉 잎은 양면에 털이 있어요. 철쭉처럼 꽃봉오리가 끈적끈적하고, 독이 있어요. 개량된 서양산철쭉도 자주 보여요.

영산홍

사스끼라는 철쭉 종류를 개량한 원예종으로, 고향이 일본이에요. 영산홍은 새로운 품종을 자꾸 만들어서 수백 가지가 넘어요. 몇 가지 품종은 우리나라 산철쭉과 일본 사스끼를 교배했대요. 영산홍은 '붉은 꽃이 산을 뒤덮을 정도로 아름답다'는 뜻이에요. 이 이름을 쓴 기록이 1470년에 처음 나와요. 영산홍은 산철쭉보다 잎이 작고, 남쪽에서는 겨울에도 잎이 달려 있어요.

참꽃나무 _진달래랑 달라요

진달래과

다른 이름 : 신달위, 제주참꽃나무, 섬분홍참꽃나무
꽃 빛깔 : 붉은색
꽃 피는 때 : 5~6월
크기 : 3~6m

진달래와 참꽃나무를 같은 나무로 아는 사람이 있어요. 진달래를 참꽃이라고도 하니까요. 참꽃나무는 제주도 특산 식물이에요. 진달래에 견주면 키가 크고 꽃도 커서 참꽃나무라 한대요. 진달래는 우리나라 어디서나 자라고, 참꽃나무는 제주도와 한라산에서 자라죠. 한라산 비탈진 바위 지대에 있고, 1100도로나 5 · 16도로에 차를 타고 지나가도 보여요.

참꽃나무는 꽃이 활짝 피면 전체가 붉은 물결을 이뤄 녹색 숲을 더 싱그럽게 만들어요. 잎 사이에서 붉은 깔때기 모양으로 피는데, 흔하지 않은 붉은색이에요. 꽃이 피었을 때 숲길을 걸으면 꽃하고 잎이 지붕이 돼요. 그러다 얼마 뒤에 가면 꽃이 통으로 떨어져서 바닥이 꽃길이죠. 머체왓숲길에 가면 참꽃나무가 많아요. 한라생태숲에도 참꽃나무 숲이 있고요.

참꽃나무는 제주도 상징 꽃이에요. 제주에만 자라니 도화로 삼을 만하죠. 제주 한림공업고등학교 교화도 참꽃나무예요. 2019년 식목일 앞 날에 한림공업고등학교 동문회에서 참꽃나무를 학교에 심고, 선후배가 미래에 관한 이야기를 나눴대요. 나무를 사이에 두고 정을 나누고, 서로 북돋우는 자리는 자연 기운도 담기겠죠.

참꽃나무는 제주도 학교나 공원, 관공서에 있고, 마을과 가까운 계곡 둘레에도 많아요. 잎과 거의 같이 나오는 꽃이 2~5송이씩 모여 피고, 은은한 향기가 나요. 열매는 9~10월에 익고, 짧은 갈색 털이 있어요.

참꽃나무 꽃 핀 모습_ 5월 10일

참꽃나무 꽃_ 5월 10일

참꽃나무 줄기_ 5월 22일

참꽃나무 잎_ 4월 30일

때죽나무 _물고기처럼 마취되면 어쩌지?

때죽나무과

다른 이름 : 노가나무, 족나무, 종낭
꽃 빛깔 : 흰색
꽃 피는 때 : 5~6월
크기 : 10m

열매가 스님이 떼로 모인 것 같다고 떼중나무라 하다가 때죽나무가 됐다는 이야기가 있어요. 풋열매를 찧어서 물에 풀면 물고기가 순간적으로 기절해 떠오르는데, 물고기가 떼로 죽어서 떼죽나무라 하다가 때죽나무가 됐다는 설도 있고요. 때죽나무 열매나 잎에 작은 목숨을 마취하는 성분이 있는데, 간단히 고기 잡을 때 쓰기도 했대요. 익은 열매는 기름을 짜서 등잔불을 켜거나, 동백기름 대신 머릿기름으로 썼어요.

'맛만 보는 건 괜찮겠지? 설마 뭔 일이야 생기겠어.' 그런데 풋열매를 하나 깨무는 순간, 입안이 어쩜 그리 쓴지요. 침을 아무리 뱉어도 쓴맛이 가시지 않더라고요. 한약은 쓴 것도 아니었어요. 쓴맛이 하도 오래 남아서 '이러다 나도 물고기처럼 마취되면 어쩌지?' 겁이 났어요. 마음을 졸이며 한 시간 정도 침을 뱉으니 좀 나아졌어요. 나중에 알아보니 때죽나무 열매에 든 성분을 먹으면 사람도 어지럼증을 느끼거나 구토할 수 있대요. 휴! 궁금한 걸 참지 못하다가 된통 혼났죠. 때죽나무 열매에는 적혈구를 파괴하는 독이 있다니 조심해야겠어요.

때죽나무는 꽃이 조랑조랑 달렸을 때가 예뻐요. 하얀 등불에 갓을 씌운 것 같아, 어찌 보면 종을 닮았어요. 그래서 영어 이름이 스노벨(snowbell)이에요. 제주도에서는 때죽나무를 '종낭'이라 해요. 족낭이 변해서 종낭이 됐다고 전해져요. 때죽나무 가지를 묶거나 줄기를 깎아서 빗물을 받았는

때죽나무 꽃_ 5월 26일

때죽나무 진 꽃_ 5월 28일

때죽나무 열매_ 9월 8일

때죽나무 열매를 문 곤줄박이_ 2월 20일

때죽나무 꽃반지_ 5월 19일

때죽납작진딧물 벌레혹_ 6월 27일

쪽동백나무_ 6월 18일

쪽동백나무 열매_ 9월 8일

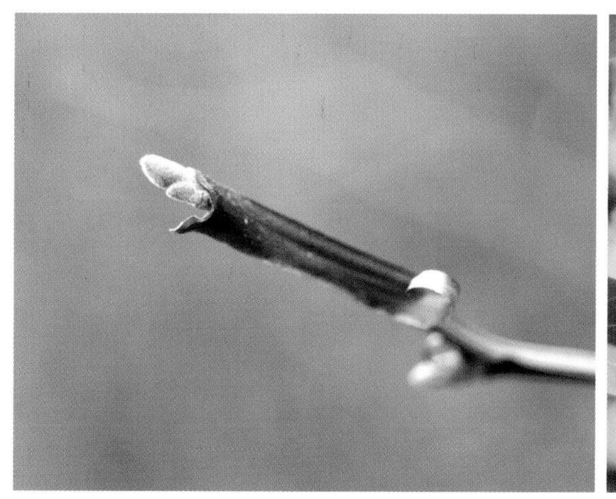

쪽동백나무 겨울눈_ 3월 5일

쪽동백나무 꽃_ 5월 15일

데, 이 물을 족낭물, 참받음물이라고 했대요. 이 물은 오래 지나도 맛이 달라지지 않았다고 하죠. 때죽나무 꿀을 '종낭꿀'이라고도 해요.

겉껍질이 벗겨진 열매는 겨울나는 새들이 좋아해요. 열매를 따거나 주워서 발가락에 끼우고 딱딱 쪼아서 까먹어요.

꽃과 열매가 비슷한 쪽동백나무도 있어요.

쪽동백나무

동백나무처럼 씨로 기름을 짜서 머릿기름으로 쓰지만, 작고 질이 떨어져서 쪽동백나무예요. '쪽동백'이라고도 해요. 산기슭에서 키가 10m 정도로 자라요. 5~6월에 흰 구름 같은 꽃이 피어서 '백운목'이라고도 해요. 꽃은 여러 송이가 모여서 달리죠. 잎은 어른 손바닥, 아니 얼굴만 한 것도 있어요. 어린 가지는 껍질이 벗겨지고, 겨울눈이 갈색 털로 덮여요. 중국이나 일본에도 있어요.

이팝나무 _이밥나무 입하나무

물푸레나무과

다른 이름 : 니암나무, 입하목
꽃 빛깔 : 흰색
꽃 피는 때 : 5~6월
크기 : 25m

이팝나무는 흰 꽃이 나무를 뒤덮으며 피어요. 이밥(쌀밥)이 소복하게 담긴 듯 보여서 이밥나무라 하다가 이팝나무가 됐대요. 조선 시대에는 쌀밥을 이밥이라 했어요. 관리한테 쌀을 녹봉으로 주면, '이씨 임금이 준 쌀로 지은 밥'이라는 뜻으로 이밥이라 했다죠. 이팝나무 꽃이 24절기 가운데 입하쯤에 피어서 '입하목'이라 하다가 이팝나무가 됐다고도 해요.

속명 치오난투스(*Chionanthus*)는 '흰 눈'을 뜻하는 chion과 '꽃'을 뜻하는 anthos의 합성어예요. 꽃이 피면 참말로 눈이 온 것 같아요. 일본에서는 잎으로 차를 만드는 나무라고 '다엽수'라 해요. 이팝나무는 우리나라, 중국, 일본, 타이완 등에 자라요.

김해 신천리 이팝나무(천연기념물 185호)와 천곡리 이팝나무(천연기념물 307호)는 얼마나 크고 우람한지, 그 아래 서면 사람은 참 작고 오래 살지 못하는 생명이구나 싶어요. 이팝나무는 흙에 뿌리를 내리고 살면서 얼마나 많은 생명을 만나고, 얼마나 많은 날씨 변화를 겪으며, 얼마나 많은 역사를 지나왔을까요.

김해에는 국토교통부가 선정한 '한국의 아름다운 길 100선'에 든 '가야의 거리'도 있어요. 동서대로와 금관대로에 있는 이팝나무 가로수 길이죠. 아직 나무가 그리 크지 않지만, 꽃이 피면 거리가 환하고 사람들 얼굴이 밝아져요. 아름드리로 자란 모습을 상상하면 절로 벅차요.

이팝나무 꽃 핀 모습_ 5월 14일

이팝나무 줄기_ 5월 14일

이팝나무 꽃_ 5월 3일

이팝나무 열매_ 8월 21일

이팝나무 잎, 뒷면에 갈색 털이 있다._ 6월 23일

이팝나무 열매를 먹는 찌르레기_ 5월 23일

이팝나무 잎은 얼핏 보면 감나무 잎을 닮았어요. 열매는 10~11월에 익고, 검은 보랏빛을 띠어요. 잘 익으면 직박구리가 와서 맛있게 먹는 모습을 더러 봐요. 찌르레기도 우르르 몰려와서 먹고 휘리리리 날아가요. 열매에 항산화 작용을 하는 성분이 있대요.

쥐똥나무 _새총 나무

물푸레나무과

다른 이름 : 검정알나무, 남정목
꽃 빛깔 : 흰색
꽃 피는 때 : 5~6월
크기 : 2~4m

쥐똥 같은 열매가 달린다고 쥐똥나무예요. 북한에서는 '검정알나무'라고 하죠. 어릴 때 나고 자란 집에 쥐똥나무 산울타리가 있었어요. 강아지나 사람이 골목을 지나가면 참새 떼가 포르르 날아올랐다 내려앉았어요. 마을 아이들이 'Y 자'로 갈라진 쥐똥나무 가지를 찾아 새총을 만들기도 했어요. 쥐똥나무는 가지가 낭창낭창하고, 굵기가 알맞고, 탄력이 있어서 새총 만들기 좋거든요. 고백하는데 새총으로 새를 맞혀본 일은 한 번도 없어요. 지금 생각하면 다행이에요. 산골 아이들한테는 가지를 고르고, 자르고, 껍질을 벗기고, 고무줄을 묶어 새총을 만드는 과정이 재미있는 놀이죠.

쥐똥나무에 흰 꽃이 피면 향기가 좋았어요. 부지런한 아버지가 해마다 가지를 잘라서 꽃이 그리 풍성하진 않았지만, 찬찬히 보면 하얀 별을 오려 붙인 것 같았어요. 쥐똥나무 정령이 나와서 불 듯한 작은 나팔 모양으로 보이기도 했고요. 그러다 열매가 검은색으로 익으면 새들이 와서 먹었어요.

쥐똥나무는 공해에 강하고 잔가지가 많아서, 산울타리나 경계 나무로 심어요. 잘 자라고 가지치기하기 쉬워서 네모반듯하게 잘라놓은 나무가 많아요. 어릴 때 생각이 나서 가지를 만져보면 여전히 부드럽고 낭창낭창하고 잘 휘어요.

봄 숲은 걷기만 해도 설레요. 새소리 들으며 숲길을 걷다 보면 나무마다 돋아나는 조그만 잎이 정말 예뻐요. 햇살을 한 숟갈씩 떠놓은 잎을 보며

쥐똥나무 꽃_ 6월 8일

쥐똥나무 열매_ 11월 10일

쥐똥나무 잎_ 5월 17일

왕쥐똥나무 꽃_ 6월 8일

왕쥐똥나무 열매_ 10월 7일

왕쥐똥나무_ 10월 7일

마음이 열두 번도 더 바뀐다니까요. '때죽나무 새잎이 예쁜데, 팽나무 새잎도 예쁘네.' '팽나무 새잎이 예쁜데, 작살나무 새잎도 예쁘네.' '작살나무 새잎이 예쁜데, 서어나무 새잎도 예쁘네.' 아기 손을 내미는 봄에는 안 이쁜 나무가 없어요.

쥐똥나무는 가을에 잎이 져요. 나무를 약재로 쓸 때 남정목, 열매는 남정실이라고 해요. 남자 정력을 좋게 하는 나무라고 이런 이름이 붙었대요. 열매를 수랍과라고도 하는데, 햇빛에 말려 약재로 쓰고 차도 만들어요.

왕쥐똥나무

전라남도 지리산과 목포, 전라북도 변산, 제주도에서 자라요. 쥐똥나무는 가을이 되면 잎이 지고, 왕쥐똥나무는 잎이 조금만 떨어지고 일부는 겨울에도 남아 있는 반늘푸른나무예요. 키가 5m 정도로 자라고, 줄기도 제법 굵어요. 잘라도 잘 자라고, 쥐똥나무보다 큰 잎은 마주나고 타원형이며 두껍죠. 꽃은 6~7월에 피어요. 열매는 쥐똥나무와 같이 수랍과라 하며 약으로 쓰고, 10월에 검게 익어요.

광나무 꽃_ 6월 30일

광나무 열매_ 10월 9일

광나무 잎_ 6월 30일

광나무

광나무는 늘푸른나무예요. 쥐똥나무는 가을에 잎이 지죠. 쥐똥나무보다 잎이 크고 두꺼워요. 잎 뒷면에 희미하고 자잘한 점이 있는 것도 달라요. 광나무는 전라남도와 경상남도 해안, 섬 지역 산기슭이나 바닷가에서 키가 5m 정도로 자라요. 6~7월에 새 가지 끝에서 흰 꽃이 나무를 뒤덮으며 피죠. 열매는 길이가 7~10mm로 쥐똥나무보다 커요.

광나무는 소금을 만드는 나무예요. 뿌리로 양분을 빨아들여 쓰고 남는 건 내보내거나 저장하는데, 여기에 짠맛이 있어요. 광나무 소금은 일반 소금보다 덜 짜고, 필수지방산이 있어서 약과 차 기능을 해요. 소금을 품은 광나무는 짠바람에 잘 견디고 도시 공해에 강해 산울타리로 많이 심어요. 소금이 들어서 나무가 죽은 뒤에도 잘 썩지 않는대요.

여자한테 좋은 약이 된다고 열매는 여정실, 뿌리는 여정근, 껍질은 여정피, 잎은 여정엽이라 해요. 잎과 열매를 막걸리에 담갔다 찌고 덖어서 차를 만들기도 해요.

영춘화 _내가 피었으니 너희도 피어라

물푸레나무과

다른 이름 : 황매
꽃 빛깔 : 노란색
꽃 피는 때 : 1월 말~3월 초
크기 : 0.6~3m

한번은 도시 길을 걷는데, 저 멀리 시멘트 담장에 노란 꽃이 드리워졌어요. 그날이 3월 8일이었죠. 싱긋 웃으면서 "진짜 봄이구나. 오늘 봄 제대로 맞아야지" 혼잣말하는데, 앞서가던 벗이 개나리가 피었다고 좋아하더라고요. 개나리가 아니라 영춘화였어요.

영춘화는 '봄을 맞이하는 꽃'이라는 뜻이에요. 매화랑 비슷한 때 노란 꽃이 피어 '황매'라고도 해요. 개나리보다 먼저 봄을 알리죠. 이른 봄에 꽃이 잎보다 먼저 노랗게 피어서 개나리로 아는 사람이 더러 있어요. 개나리는 가위로 자른 듯 깔끔하게 네 갈래로 갈라진 통꽃이고, 영춘화는 흔히 여섯 갈래로 갈라진 통꽃이에요. 개나리는 잎이 크고 가장자리 톱니가 날카로운데, 영춘화는 작은잎 세 장으로 가장자리가 밋밋해요. 개나리 고향은 우리나라, 영춘화 고향은 중국이고요.

아파트 담장에 늘어진 영춘화 아래 떨어진 꽃도 예뻤어요. 영춘화는 다른 꽃보다 일찍 피어 봄을 맞고, "내가 피었으니 너희도 피어라" 하며 봄꽃을 깨우는 것 같았어요. 마침 꽃샘바람이 영춘화를 휘감더니 샘을 내며 지나갔죠.

영춘화는 학교와 공원, 관공서 뜰에 심어 가꿔요. 돌담이나 연못가에 늘어지게 심은 곳도 자주 보여요. 우리나라 중부 이남에 많이 심어 가꾸고, 꽃이 피는 기간은 2~3주로 긴 편이에요.

영춘화 꽃_ 3월 16일

영춘화 무리로 자라는 모습_ 3월 16일

영춘화 잎_ 9월 13일

영춘화 꽃, 통으로 떨어진다._ 3월 8일

영춘화 겹꽃_ 3월 20일

영춘화는 가지가 많이 갈라져서 옆으로 퍼져요. 높은 담장 같은 데 심어서 드리우면 개나리처럼 피어요. 녹색 줄기는 도드라진 능선이 있고, 늘어지며, 땅에 닿은 자리에서 뿌리를 내려요.

11월에 빨갛게 익은 열매를 한약재로 쓰는데, 우리나라에서는 열매를 잘 맺지 않아요. 말린 꽃과 잎을 한방에서 두통, 이뇨, 발열, 타박상, 해열 등에 약으로 써요. 영어 이름은 윈터재스민(winter jasmine)이에요. 중국에서는 매화와 수선화, 동백, 영춘화를 눈 속에 피는 꽃이라고 '설중사우'라 하죠.

구골나무 _개뼈다귀 나무

물푸레나무과

다른 이름 : 참가시은계목, 구골목
꽃 빛깔 : 흰색
꽃 피는 때 : 11월
크기 : 3m

나무줄기가 개뼈다귀처럼 딱딱해서, 껍질을 벗기고 말리면 개뼈다귀처럼 하얘져서 구골나무라고 해요. 한자 이름은 구골목(狗骨木)이에요.

"어디서 꽃향기가 나지?" 겨울에 꽃 냄새가 나서 두리번거린 일이 있나요? 구골나무는 늦가을에 피기 시작한 꽃이 초겨울까지 있기도 하죠. 속명 오스만투스(*Osmanthus*)는 '향기'를 뜻하는 osme와 '꽃'을 뜻하는 anthos의 합성어예요. 종소명 헤테로필루스(*heterophyllus*)는 '잎 모양이 다르다'는 뜻이고요. 꽃향기가 좋고, 가시가 있는 날카로운 잎과 둥근 잎이 달리니 딱 맞아요.

구골나무는 학교와 공원, 관공서에 흔히 심어요. 잎에 가시가 있어 다가가지 않다가, 꽃향기가 나면 저도 모르게 코를 벌름거린다니까요. 구골나무 꽃향기는 은은하면서 멀리 가요. 열매는 이듬해 5~6월에 검은 자줏빛으로 익어요.

어느 학교에 가보니 구골나무에 호랑가시나무라고 이름표를 달아놨어요. "아차차, 너도 다른 이름표를 달고 있네." 학생들이 알아보기 쉽게 이름표를 다는 건 좋은데, 남의 이름표인 때가 많아요. 마중 나온 선생님께 살짝 귀띔했으니, 그 뒤 제 이름표를 달았겠죠?

구골나무는 잎 가장자리에 가시가 있고, 윤기가 자르르 흐르는 게 호랑가시나무랑 닮았어요. 두 나무는 알고 나면 쉽게 구별할 수 있어요. 구골

구골나무 잎과 꽃_ 10월 27일

구골나무 열매_ 5월 21일

구골나무 줄기_ 12월 3일

구골나무와 호랑가시나무 잎_ 12월 26일

나무는 달걀모양 잎 가장자리가 움푹움푹 파여 골짜기 여러 개처럼 보이는데, 호랑가시나무 잎은 육각형에 가까운 모양이에요. 참, 구골나무나 호랑가시나무 둘 다 가시 없는 둥근 잎이 달리기도 해요. 구골나무는 11월부터 흰 꽃이 피고, 호랑가시나무는 4~5월에 노란빛을 띤 녹색 꽃이 피어요. 구골나무는 열매가 이듬해 봄에 검은 자줏빛으로 익고, 호랑가시나무는 가을에 빨갛게 익어요. 또 구골나무는 잎이 마주나고, 호랑가시나무는 어긋나요.

금목서 _내 별명은 만리향

물푸레나무과
다른 이름 : 단계목, 만리향
꽃 빛깔 : 주황색
꽃 피는 때 : 9~10월
크기 : 3~4m

가을꽃 가운데 향기가 좋은 나무를 꼽으라면 금목서가 떠올라요. 작은 꽃이 볼수록 귀여운 나무죠. 금목서 꽃차를 처음 마신 때가 생각나요. 산 아래 외따로 있는 찻집인데, 대추차랑 오미자차도 맛있었어요. 아주 정갈하고 창밖을 내다보면 철 따라 자연 풍경이 그림 같았죠. 한번은 주인이 서비스라며 꽃차를 들고 왔어요. 유리 찻잔에 자잘한 마른 꽃을 넣고 뜨거운 물을 부으니 와르르 떠올랐어요. 꽃과 물이 흐르듯 섞이며 눈과 맘을 붙잡더라고요.

"어머, 참말로 예뻐요. 이게 무슨 차예요?"

주인은 계화차라 했고, 계화가 무슨 꽃인지 물어보니 모른대요. 금목서 꽃을 닮았다 싶은데 설마 했어요. 나중에 찾아보니 계화차는 금목서 꽃차가 맞았어요.

금목서 고향은 중국이에요. 추운 것을 싫어해 남쪽 지역에서 많이 심어요. 중국에서는 향기 나는 꽃에 계수나무 계(桂) 자를 붙여요. 향기 나는 꽃이니 계화, 그 꽃으로 만든 차를 계화차라 한 거죠.

금목서는 향기가 멀리 퍼진다고 '만리향'이라고도 해요. 꽃과 잎은 차로 마시고, 약으로도 써요. 처음에는 향기가 너무 진해 꽃차를 목으로 넘기기보다 눈으로 많이 마셨어요. 몇 년 뒤 꽃차를 직접 만들었어요. 따뜻한 찜기에 면 보자기를 깔고 금목서 꽃을 올려두니 꽃 색이 곱게, 천천히 말랐

금목서 꽃_ 10월 6일

금목서_ 8월 21일

금목서 잎_ 9월 14일

금목서와 은목서 꽃과 잎_ 10월 2일

박달목서 꽃과 잎_ 9월 15일

박달목서_ 9월 26일

박달목서 열매_ 12월 5일

어요. 거의 마른 뒤 살살 덖어서 밀폐 용기에 보관했다가, 녹차 우릴 때 서너 송이 넣었어요. 녹차 맛에 금목서 향이 살짝 얹힌 차는 꽃을 많이 우렸을 때보다 훨씬 깊고 은은했어요.

목서 종류 잎은 차 대용으로 마실 수 있어요. 꽃은 술을 담그기도 해요. 꽃을 약으로 쓰면 기침이나 가래를 삭이고, 치통과 입 냄새를 줄인대요.

은목서는 연노란빛 섞인 흰 꽃이 피어요. 박달목서는 잎끝이 날카롭게 길고요. 박달나무처럼 목재가 단단해서 붙은 이름으로, '목서나무'라고도 해요. 제주도 절부암 둘레와 거문도 등에서 자라는 늘푸른넓은잎나무예요. 암수딴그루로 11~12월에 흰 꽃이 피어요. 잎 가장자리가 밋밋한데, 어린 가지에 달리는 잎은 더러 톱니가 있어요.

개나리 _새의 노란 꽁지깃

물푸레나무과

다른 이름 : 연교, 신리화, 개나리꽃나무
꽃 빛깔 : 노란색
꽃 피는 때 : 3~4월
크기 : 3m

새 부리 같은 개나리꽃이 피면 정말 봄이구나 싶어요. 개나리는 우리나라 특산 식물이에요. 학명에 한국을 뜻하는 코레아나(*koreana*)가 자랑스럽게 들어가죠. 꽃이 작고 나리를 닮았다고 개나리라 한대요. 참나리, 하늘나리, 말나리 같은 나리 종류에 견주면 꽃이 아주 작아요. 개나리에 나리가 들어 있는 걸 보면 우리 조상들은 나리 종류만큼 개나리도 가까이서 어여쁘게 본 모양이에요.

개나리는 처음부터 개나리인 줄 아는 사람이 많아요. 나무나 풀은 이름에 얽힌 내력이 있어요. 물론 내력을 잘 모르는 식물도 있죠. 부모님이 우리 이름을 생각하고 생각해서 지은 것처럼, 식물도 이름에 얽힌 내력을 알면 더 가깝게 느껴지고 재미있어요. 친해지고 싶은 친구한테 비밀을 들은 것처럼요.

중국 사람들은 개나리가 기다란 새의 꽁지깃으로 보였나 봐요. '이어진 새의 깃털'이라는 뜻으로 연교(連翹)라 하거든요. 서양 사람들은 황금 종으로 보였는지 골든벨(golden bell)이라 하고요. 청소년들이 참여하는 퀴즈 프로그램 〈도전! 골든벨〉 아시죠? 마지막 문제를 맞힌 사람이 골든벨을 치잖아요.

가끔 개나리를 철모르는 꽃이라고 말하는 사람이 있어요. 겨울에 봄인 줄 알고 꽃이 피기도 하니까요. 동물이 겨울잠을 자듯이, 식물도 햇빛이

개나리_ 4월 2일

개나리꽃을 먹는 직박구리_ 3월 21일

개나리 잎_ 6월 8일

개나리 열매_ 4월 1일

적은 겨울에는 자면서 쉬기도 해요. 이걸 '휴면'이라고 하는데, 목숨을 이어가는 데 필요한 활동만 하며 겨울을 나죠. 그래서 식물은 흔히 낙엽산이라는 성장억제호르몬을 내요. 낙엽산은 꽃눈이 얼어 죽지 않게 하면서 조금씩 분해되다가 겨울이 지날 때쯤 거의 없어져요. 다른 나무보다 낙엽산이 적은 개나리는 겨울이 끝나기 전에 다 써버려서, 겨울에도 꽃이 피는 일이 잦은 거래요.

새가 개나리꽃을 먹는 걸 본 일이 있나요?

수수꽃다리 _리라 꽃향기를 나에게 전해다오

물푸레나무과

다른 이름 : 개똥나무, 정향나무, 라일락, 리라
꽃 빛깔 : 연자주색
꽃 피는 때 : 4월
크기 : 2~3m

가지 끝에 모여 피는 꽃이 수수 이삭 모양을 닮아서 수수꽃다리라 해요. 한자로는 향이 좋아서 '정향나무', 영어로는 '라일락', 프랑스어로는 '리라'라고 하죠. 수수꽃다리는 황해도와 평안남도 등의 석회암 지대에서 자라요. 개회나무, 꽃개회나무, 섬개회나무, 털개회나무, 버들개회나무 들이 수수꽃다리와 비슷해요. 꽃을 보려고 심어 가꾸는 나무는 원예종 라일락이 많아요. '서양수수꽃다리'라고도 하죠. 꽃이 피면 가요 '우리들의 이야기'를 흥얼거리게 돼요.

> 웃음 짓는 커다란 두 눈동자
> 긴 머리에 말 없는 웃음이
> 라일락 꽃향기 흩날리던 날
> 교정에서 우리는 만났소

현인 선생이 "리라 꽃향기를 나에게 전해다오"라며 부른 '베사메무초' 노랫말도 생각나요. 꽃향기만큼이나 노래 향기도 잘 퍼져요. 수수꽃다리나 라일락은 잎이 심장 모양(♡)이고, 맛이 아주 써요. 첫사랑이 잘 이뤄지지 않는다고 첫사랑의 쓴맛이라고도 하죠.

라일락은 미국 식물학자 어니스트 윌슨이 1917년 우리나라에서 가져간

라일락_ 5월 1일

라일락 꽃과 잎_ 4월 11일

개회나무_ 5월 28일

꽃개회나무_ 6월 26일

섬개회나무. 울릉도에서 자란다._ 5월 8일

미스김라일락, 꽃과 잎이 작다._ 5월 2일

수수꽃다리를 개량해 세계에서 이름난 꽃나무로 만들었어요. 미군정청 시절이던 1947년, 미국 농무부 직원 엘윈 미더(Elwyn M. Meader)가 북한산 식물을 조사하다가 털개회나무를 채집해 사무실 뜰에 심었다가 씨를 받아 미국에 가져갔대요. 이걸 꽃 육종 전문 기관에 맡겼고, 1954년 증식에 성공해서 만든 품종이 미스김라일락이죠. 나무 이름은 한국에서 근무할 때 타이핑을 도와준 미스 김한테 고마운 마음을 담아 붙였고요.

미스김라일락은 잎과 꽃이 작고 귀여우며, 향기도 좋아 미국과 영국 꽃 시장에서 인기가 많아요. 우리나라는 비싼 사용료를 주고 역수입하는 상황이죠. 우리 나무를 지키지 못해 안타까워요. 수수꽃다리속 식물은 은은하면서도 달콤한 향기가 나서 향수 원료로 써요.

마삭줄 _마로 짠 동아줄

협죽도과

다른 이름 : 마삭나무
꽃 빛깔 : 흰색
꽃 피는 때 : 5월 말~7월 말
크기 : 길이 5m

돌담 길을 걷는데 어디서 꽃향기가 났어요. 같이 가던 아이가 흠흠 냄새를 맡으며 살폈어요. 꽃을 발견했지만 어쩌나 보려고 가만히 있었죠.

"우아, 이 꽃에서 향기가 나요. 무슨 꽃이에요? 바람개비 같아요."

수많은 바람개비 모양 꽃에서 좋은 향기가 났어요. 마삭줄 꽃이라고 알려주니, 이름이 특이하다며 마삭줄이 뭐냐고 물어요. 마삭은 삼(마)으로 꼰 밧줄이에요. 줄기가 나무나 바위를 타고 오르려고 공기뿌리를 낸 모습이 마삭을 닮아서 마삭줄이라고 해요.

마삭줄은 잎도 예뻐요. 늘푸른덩굴나무인데 가끔 빨갛게 물든 잎도 있어요. 창녕에 있는 남지개비리길에 가면 마삭줄이 많아요. 바닥에 깔려서 자라고, 나무를 감고 올라가기도 하고, 바위 낭떠러지에 붙어 자라기도 해요. 마삭줄이 있어서 남지개비리길이 더 아기자기하고 예뻐요. 마삭줄은 경상남도와 전라남도 등 남부 지방에서 흔히 자라고, 제주도 곶자왈에도 많아요. 돌담이나 밭담에 귀여운 무늬를 만들며 자라기도 하죠.

언젠가 꽃동무들하고 창원 의림사 골짜기에 갔어요. 맑은 물이 흐르는 골짜기 둘레에 마삭줄이 많았어요. 반들반들한 녹색 잎 사이에 하나둘 물든 빨간 잎이 여간 곱지 않더라고요. 갑자기 사과가 먹고 싶었어요. "우리 사과 먹고 갈래요?" 하고는 사과를 깎아서 마삭줄 잎 과일 꼬치를 만들었어요. 다들 입이 벌어지더라고요. 이렇게 예쁜 과일 꼬치는 처음 본다고,

마삭줄 꽃_ 5월 30일

마삭줄 줄기 공기뿌리_ 10월 7일

마삭줄 단풍_ 10월 2일

마삭줄 열매_ 10월 7일

마삭줄 익은 열매_ 12월 3일

마삭줄 꽃, 수술이 꽃 밖으로 나온다._ 6월 16일

털마삭줄 꽃, 수술이 꽃 밖으로 나오지 않는다._ 5월 20일

마삭줄 잎 과일 꼬치_ 9월 14일

식구들한테 자랑하겠다며 더 만들었어요.

마삭줄은 열매가 재밌게 생겼어요. 씨방이 여러 개로 나뉜 골돌인데, 긴 꼬투리 같은 모양이에요. 익어 벌어지면 바람을 타고 날아가려고 씨에 갓털(관모)이 있어요. 새는 날아가려고 깃털이 있고, 씨는 날아가려고 솜털 같은 갓털이 있죠. 마삭줄 씨를 주워서 불어 날리면 재밌어요. 줄기는 외상이나 관절염 치료제로 쓴 기록이 있어요.

털마삭줄은 어린 가지와 잎 뒷면에 털이 있어요. 꽃받침조각이 잎 모양으로 크고, 수술이 꽃 밖으로 나오지 않는 점도 마삭줄과 달라요.

협죽도 _화살촉에 바른 독

협죽도과

다른 이름 : 류선화, 유도화
꽃 빛깔 : 붉은 분홍색
꽃 피는 때 : 7~8월
크기 : 3~5m

잎이 대나무처럼 좁고, 꽃이 복사나무 같다고 협죽도예요. 잎이 버들잎을, 꽃이 복사꽃을 닮았다고 '유도화'라고도 하죠. 고향은 인도와 중국, 동부 유럽(발칸반도)이고, 우리나라에 들어온 건 오래전이라고 해요.

협죽도는 밑에서 줄기가 많이 나와 산울타리로 심어요. 꽃이 곱고 잎이 깔끔하며, 추위에 약하지만 공해에 강해서 도시 길가에도 심고요. 늘푸른 넓은잎나무로 부산이나 경상남도, 제주도에서 흔히 볼 수 있어요.

꽃이 피지 않을 때는 녹색으로 묵묵히 자리를 지키다가, 여름에 꽃이 피면 둘레가 화사해요. 짙푸른 잎에 선명한 꽃이 피어 이국적인 분위기가 나요. 그맘때 배롱나무 꽃이 피는데, 두 꽃이 서로 봐달라고 하는 것 같아요. 협죽도 꽃은 대개 붉은 분홍색으로 새 가지 끝에서 여름 내내 피고, 늦둥이 꽃은 가을에 피기도 해요. 겹꽃이 피는 만첩협죽도, 노란 꽃이 피는 노랑협죽도, 흰 꽃이 피는 흰협죽도 등이 있어요.

협죽도는 청산가리보다 강한 독이 있다고 알려져서, 나무를 잘라내거나 다른 나무를 심기도 했어요. 연구 결과를 보면 협죽도에는 올레안드린(oleandrin)이란 독이 있고, 사람마다 반응하는 게 다르니 주의해야 한대요. 줄기를 자르면 나오는 흰 액이 피부에 닿지 않게 조심해야죠. 인도에서는 사냥꾼이 화살촉에 바르는 독을 얻는 나무래요.

식물 가운데 자기를 지키는 독을 가진 것이 많아요. 협죽도는 독이 강한

협죽도 종류_ 8월 16일

반겹꽃이 핀 협죽도 품종_ 8월 21일

만첩협죽도, 겹꽃이다._ 8월 21일

흰협죽도_ 8월 22일

식물인 동시에, 심장 기능을 회복하고 오줌이 잘 나오게 하는 약재로 쓴다니 잘 활용하는 지혜가 필요해요.

치자나무 _노란 염색은 나한테 맡겨요

꼭두서니과

다른 이름 : 치자
꽃 빛깔 : 흰색
꽃 피는 때 : 6~7월
크기 : 3m

치자나무 열매를 치자라 해요. 복주머니 같은 열매를 쪼개면 주홍빛 속이 보이는데, 이걸 물에 넣고 저으면 노란 물이 나와요. 이 물을 부침 가루나 튀김 가루에 섞어 요리해요. 단무지도 치자로 물들이고, 녹두전 반죽에 치자 물을 넣기도 하죠. 찬 성질이 있는 녹두랑 치자가 열을 내리게 해, 녹두전이 술안주로 좋대요. 치자 물을 넣어 밥을 지으면 노란 밥이 되고, 쌀에 치자 물을 입힌 '치자쌀'을 팔기도 해요.

치자나무는 중국 남부와 인도 등이 고향이에요. 우리나라에는 중국에서 들어온 것으로 알려졌어요. 제주도나 남부 지방 뜰에 많이 심어 가꿔요. 추위에 약해 북쪽 지방에서는 밖에 심은 나무가 얼기도 하죠. 치자나무는 17세기 이후에 유럽과 미국에서 큰 수익을 내는 나무로 재배했대요. 최근에 암세포 증식을 억제하는 약용 나무로 밝혀지기도 했어요. 옛날에는 군량미를 오래 두고 먹으려고 치자 물에 담갔다 쪄서 보관했대요.

이렇게 쓰임이 많은 치자나무는 봄이나 여름에 가지를 잘라서 잎을 한두 장 남기고 떼어 땅에 꽂으면 돼요. 마르지 않게 물을 주면 봄에는 두 달 남짓, 여름에는 한 달 반 정도면 뿌리가 나고 새순이 자라요.

조선 시대 문인 강희안이 《양화소록》에 치자나무의 특징을 잘 표현했어요. "꽃 색깔이 희고 기름지다. 꽃향기가 맑고 풍부하다. 겨울에도 잎이 변하지 않는다. 열매로 물을 들일 수 있다."

치자나무_ 12월 4일

치자나무 열매_ 12월 4일

치자나무 꽃, 홑꽃이다._ 6월 28일

꽃치자 꽃, 겹꽃이다._ 6월 22일

꽃은 희고, 작은 풍차 모양이에요. 깨끗할 때 따서 꽃차를 만들면 재스민 닮은 향기가 나요. 치자나무 생열매는 산치자, 뿌리는 치자화근, 잎은 치자엽, 꽃은 치자화라 하여 예부터 널리 약재로 썼어요. 치자 물을 들이거나 음식에 넣을 때는 익은 열매를 말려서 쓰죠.

꽃치자는 치자나무보다 꽃이 풍성해요. 열매가 치자보다 작고 쓸모없다고 '좀치자'라고도 해요. 식물 이름에 있는 접두어 '좀'은 작다는 뜻이에요. 꽃치자 키는 0.6m쯤 되고, 치자나무는 3m 정도 자라요. 꽃치자는 겹꽃이고, 치자나무는 홑꽃이에요.

작살나무 _새를 부르는 나무

마편초과

다른 이름 : 송금나무
꽃 빛깔 : 보랏빛
꽃 피는 때 : 8월
크기 : 2~4m

줄기를 가운데 두고 양쪽으로 가지가 나와요. 이 부분이 예전에 짐승이나 물고기를 잡은 작살처럼 생겼다고 작살나무라 해요. 이름만 들으면 크고 날카로울 것 같은데, 가지가 가늘고 낭창낭창해요. 우리나라에는 작살나무와 비슷한 좀작살나무, 왕작살나무, 새비나무 들이 있어요.

작살나무는 새 가지와 새잎에 별 모양 털이 있고, 10월에 익는 자줏빛 열매가 귀여워요. 한번은 산에 갔는데, 동무가 좀작살나무 열매를 보고 자리를 떠나지 못해요. 들여다보고 또 들여다보다가 자기 귀에 단 귀걸이를 빼더니, 좀작살나무 열매를 걸어달라고 했어요. 조심조심 작살나무 열매를 끼우니 세상에 하나밖에 없는 귀걸이가 되지 뭐예요. 영어 이름은 뷰티베리(beauty berry), '아름다운 열매'란 뜻이죠.

숲에서 이런 생각을 할 때가 많아요. '숲은 디자인 창고다!' 어떤 일이나 마찬가지겠지만, 보석이나 스카프 디자인을 하는 사람은 숲에 와서 놀기만 해도 최고 디자이너가 될 것 같아요. 꽃, 꽃봉오리, 잎눈, 꽃눈, 잎, 열매, 씨, 꽃받침, 줄기 등이 나무와 풀마다 모양이 다르고 색도 가지가지거든요. 볼수록 자연스럽고 기가 막힌 무늬와 모양이 자꾸자꾸 보여요.

한번은 박새가 작살나무 열매를 먹는 걸 봤어요. 동박새가 좀작살나무 가지에 날아드는 것도 봤고요. '아직 맛이 덜 들었을 텐데, 설마 먹지 않겠지?' 그런데 동박새가 보란 듯이 열매를 콕콕 먹지 않겠어요! 새를 불러들

작살나무 꽃_ 6월 17일

좀작살나무 꽃_ 6월 25일

좀작살나무 열매_ 9월 13일

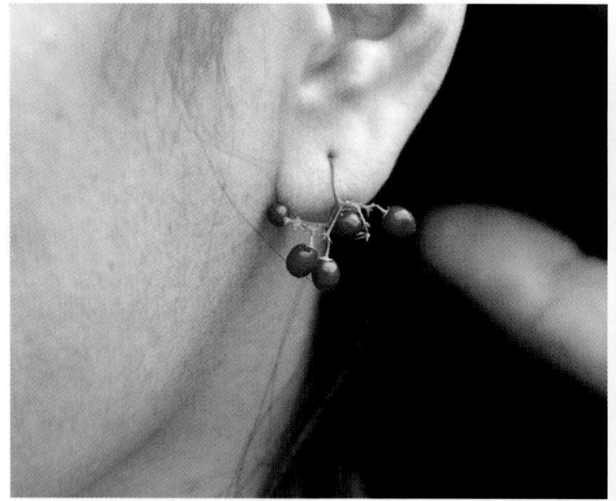

좀작살나무 열매 귀걸이_ 11월 2일

좀작살나무 열매를 문 동박새_ 9월 13일

작살나무와 새비나무 잎_ 9월 15일

새비나무_ 9월 15일

왕작살나무_ 9월 13일

흰작살나무 열매_ 9월 26일

이는 나무, 열매를 먹는 새를 보는 기쁨이 아주 커요.

작살나무와 좀작살나무는 학교나 공원 등에 심어 가꾸기도 해요. 우리나라 산에 자라는 나무죠. 비슷한 왕작살나무, 새비나무도 있어요. 작살나무는 잎 가장자리 전체에 톱니가 있고, 꽃자루가 잎겨드랑이에 바짝 붙어서 나와요. 좀작살나무는 잎 위쪽 2/3 정도만 톱니가 있고, 꽃자루가 잎겨드랑이 위쪽에 떨어져서 달려요. 열매가 희게 익는 건 흰작살나무예요. 새비나무는 줄기와 잎 뒷면, 꽃받침에 별 모양 털이 빽빽해요. 잎이 두껍고 크며 꽃이 복취산꽃차례로 달리는 왕작살나무도 있어요.

오동나무 _쑥쑥 크는 비결이 뭘까?

현삼과
다른 이름 : 오동
꽃 빛깔 : 자주색
꽃 피는 때 : 5~6월
크기 : 15~20m

오동나무는 잎이 아주 커요. 밭에는 토란, 연못에는 연꽃, 마을에는 오동나무 잎이 커요. 학교 오갈 때 갑자기 비라도 쏟아지면 오동나무 잎을 한 장 따서 머리에 쓰고 뛰었죠. 큰 잎에 툭툭 빗방울 떨어지는 소리가 좋았어요. 오동나무에 비가 내리면 투두둑투두둑 시원한 소리가 난 기억이 생생해요.

오동나무는 빨리 크는 나무 가운데 하나죠. 풀밭에서 쑥 올라온 어린 오동나무가 금세 어른 키를 훌쩍 넘고, 어린줄기가 녹색이라 신기했어요. 찔레꽃이나 황매화 줄기도 녹색이지만 가늘어서 그러려니 했는데, 아이 손목만큼 굵은 오동나무 어린나무는 유난히 눈에 띄었어요. 잎이나 어린줄기를 만지면 부드러우면서 끈적끈적하고요.

오동나무가 빨리 크는 비결은 잎에 있어요. 잎이 큰 만큼 햇빛을 많이 받아 양분을 만들 수 있으니 쑥쑥 자라죠. 녹색인 어린줄기는 속이 비었는데, 오동나무는 속을 채우며 늦게 자라는 것보다 속이 비어도 빨리 자라는 걸 택한 셈이에요. '오동잎'이란 노래가 생각나요.

> 오동잎 한 잎 두 잎 떨어지는 가을밤에
> 그 어디서 들려오나 귀뚜라미 우는 소리

오동나무 꽃 핀 모습_ 5월 15일

오동나무 열매_ 11월 17일

오동나무 열매껍질로 만든 강아지_ 10월 29일

오동나무 꽃, 안에 줄무늬가 없다._ 5월 1일

참오동나무 꽃, 안에 줄무늬가 있다._ 5월 11일

참오동나무 줄기_ 5월 11일

참오동나무 어린나무_ 6월 8일

오동나무 잎이 지고 열매가 떨어지면 열매껍질로 소꿉놀이를 했어요. 열매는 양쪽으로 갈라져 방이 나뉘는데, 가볍고 오목해서 작은 그릇으로 썼어요. 오동나무 열매껍질로 자연물 만들기를 하는 사람이 있어요. 속에 든 씨는 납작하고 가벼워서 불면 날아가요. 가볍고 여린 씨가 그 큰 잎을 다는 나무가 되는 게 기적 같아요.

꽃 안쪽에 자주색 줄무늬가 없으면 오동나무, 있으면 참오동나무예요. 우리 같은 보통 사람이야 '꽃 안에 무늬가 있건 없건 다 같은 오동나무'라면 편하고 좋은데 말이죠.

> 딸아 딸아 막내딸아 (강강술래)
> 애기 잠자고 곱게 커라 (강강술래)
> 오동나무 밀장롱에 (강강술래)
> 갖은 장석을 걸어주마 (강강술래)

민요 '강강술래' 일부예요. 예부터 딸을 낳으면 오동나무를 심었대요. 혼인할 때 베서 장롱을 만들어주려고요. 그만큼 빨리 자라는 나무죠. 소리 울림이 좋아 거문고와 가야금을 만들기도 해요. 이름에 '오동'이 들어가는 나무가 몇 있어요.

개오동(능소화과)

오동나무는 아니지만 오동나무와 비슷하다고 개오동이에요. 꽃향기가 좋아 '향오동나무'라고도 해요. '노나무'라고도 하죠. 《본초강목》에 개오동이 100가지 나무 가운데 으뜸이라고 '목왕'이라 나와요. 예부터 벼락이 피해 가는 나무라고 '뇌신목' '뇌전동'이라며 신성시했어요. 개오동이 있으면 천둥이 쳐도 다른 재목이 흔들리지 않는다고 믿어서 궁궐에 심었대요. 경복궁에도 여러 그루가 있어요. 중국과 일본이 고향이고, 열매와 속껍질을 약으로 써요.

개오동_ 6월 8일

벽오동 어린나무_ 5월 19일

벽오동 꽃_ 7월 23일

벽오동 열매_ 9월 7일

벽오동_ 9월 7일

벽오동(벽오동과)

잎이 오동나무를 닮고 줄기가 녹색이라 푸를 벽(碧)을 붙여서 벽오동이에요. 오동나무는 현삼과, 벽오동은 벽오동과에 드는 다른 집안 나무죠. 벽오동은 고향이 중국, 타이완 등이에요. 전설에 봉황은 대나무 열매를 먹고, 벽오동에 깃들어 산대요. 벽오동 씨는 볶아서 커피 대용으로 쓰고, 기름을 짜서 먹어요. 소화불량, 위통, 구내염 등에 약으로도 써요.

능소화 _뿌리가 두 가지예요

능소화과
다른 이름 : 금등화, 양반꽃
꽃 빛깔 : 주홍빛
꽃 피는 때 : 7~9월
크기 : 길이 10m

능소화는 주로 남부 지방에 심어 가꿔요. 온난화 때문인지 경기도 성남에 능소화 길을 만든 곳도 있어요. 이름 뜻은 '하늘을 능가하는 꽃' 정도 되는데, 예전에는 평민이 심을 수 없었대요. 지체 높은 양반 집에 심었다고 '양반꽃', 꽃 빛깔이 황금색을 닮고 등처럼 타고 올라가는 성질이 있어서 '금등화'라고도 해요. 고향은 중국이에요.

능소화는 뿌리가 두 가지예요. 땅속에 진짜 뿌리와 줄기에 난 공기뿌리가 있어요. 다른 물체를 타고 올라가려고 줄기에 공기뿌리를 내죠.

능소화는 어느 후궁이 임금을 기다리며 평생을 보내다 죽은 뒤 피어난 꽃이라는 전설이 있어요. 꽃은 줄줄이 등을 켜듯 차례로 피죠. 깔때기 모양 꽃이 꽃차례에 5~15송이 달려요. 꽃 색이 겉은 진하고 안쪽은 옅어서 아름다운 무늬를 이뤄요. 이 가지 저 가지에 꽃이 피고 지다 보니 꽃 피는 기간이 길어요. 돌담이나 울타리에 한두 그루 심으면 타고 올라가 멋지게 자라죠. 능소화는 가지를 잘라서 적당한 자리에 심으면 뿌리를 잘 내리는 편이에요. 초가을에 심기 좋아요.

능소화 곁에 가기 무서운 때가 있었어요. 꽃가루가 갈고리 모양이어서 눈에 들어가면 각막이 손상되거나 실명할 수 있다고 소문이 났거든요. 식물의 꽃가루는 대개 0.01~0.05mm 크기 원형이나 타원형으로, 식물마다 조금씩 다르다고 해요. 전자현미경으로 보면 능소화 꽃가루는 표면이 그

능소화_ 7월 16일

능소화 줄기_ 6월 27일

능소화 꽃_ 6월 29일

미국능소화 꽃_ 6월 29일

물 모양이고, 갈고리 모양은 없대요. 비슷한 소문이 난 코스모스는 꽃가루가 갈고리 모양이지만, 능소화나 코스모스 꽃가루 모두 크기가 작아 꽃구경하고 사진 찍는 정도는 눈에 영향을 미치지 않는다니 다행이에요.

미국능소화는 꽃 빛깔이 더 붉고 짙어요. 나팔 모양 통꽃이 능소화보다 길고 좁으며, 잎끝이 길게 빠지는 점도 능소화랑 달라요. 꽃 모양이 트럼펫을 닮아 '트럼펫발바리'라고도 해요. 고향이 미국 남부 지역이에요.

꽃댕강나무 _댕강댕강 부러지는 나무

인동과

다른 이름 : 꽃댕강이, 왜댕강이
꽃 빛깔 : 흰색
꽃 피는 때 : 6~10월
크기 : 2m

댕강나무는 줄기가 댕강댕강 잘 부러져서 붙은 이름이에요. 꽃댕강나무는 '꽃이 예쁜 댕강나무'라는 뜻이고요. 마른 가지를 부러뜨리면 딱 소리가 나고, 생가지는 잎이 달린 부분이 잘 부러져요. 댕강나무 종류가 잘 부러지는 까닭은 줄기 가운데가 비었기 때문이에요.

댕강나무속 나무는 댕강나무, 바위댕강나무, 섬댕강나무, 좀댕강나무, 주걱댕강나무, 줄댕강나무 들이 있어요. 우리가 흔히 보거나 학교, 공원, 길가에 많이 심는 꽃댕강나무는 일본에서 개량한 원예종이에요.

꽃댕강나무는 남부 지방과 달리 중부지방에서는 겨울나기 어려워요. 마주난 잎이 반지르르하고, 가위로 오린 듯 깔끔해요. 어린 가지가 발그레하고, 새 가지는 낭창낭창 길게 뻗는데 가지치기해서 모양을 잡기도 해요.

꽃이 6~10월에 걸쳐 피고, 은은한 향기가 좋아요. 제주도는 겨울이 따뜻해 12월까지 꽃을 볼 수 있어요. 꽃에는 박각시 종류가 찾아오는 모습을 자주 봐요. 꽃 통이 길어 주둥이가 긴 박각시가 꿀을 빨기 좋죠. 박각시가 꽃에 앉지도 않고 바르르 날며 꿀을 빠는 모습이 예술이에요. 어찌나 예민하고 빠른지 찬찬히 볼라치면 어느새 다른 꽃가지로 날아가요.

꽃이 오래 피고 곤충이 찾아와 꿀을 빠는데도 꽃댕강나무는 알이 찬 열매를 거의 맺지 못해요. 그렇게 개량한 품종이니까요. 대신 꽃댕강나무는 꺾꽂이로 번식하고, 잎과 꽃이 예뻐서 꽃꽂이 재료로 써요.

꽃댕강나무_ 6월 22일

꽃댕강나무 잎_ 9월 27일

꽃댕강나무 꽃을 찾은 꼬리박각시_ 10월 12일

찾아보기

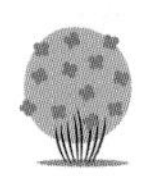

가

나

다

라

마

바

사

아

자

차

카

타

파

하

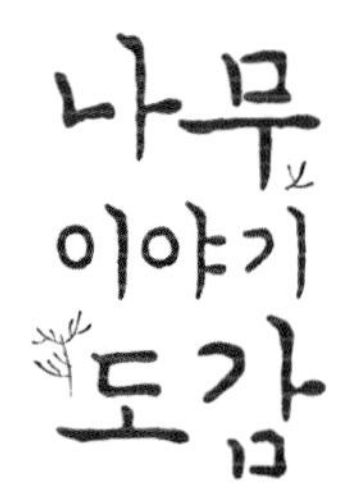

펴낸날 2021년 5월 20일 초판 1쇄
지은이 이영득
만들어 펴낸이 정우진 강진영 김지영
꾸민이 Moon&Park(dacida@hanmail.net)
펴낸곳 (04091) 서울 마포구 토정로 222 한국출판콘텐츠센터 420호 도서출판 황소걸음
편집부 (02) 3272-8863
영업부 (02) 3272-8865
팩 스 (02) 717-7725
이메일 bullsbook@hanmail.net / bullsbook@naver.com
등 록 제22-243호(2000년 9월 18일)
ISBN 979-11-86821-56-5 03480

황소걸음
Slow&Steady

정성을 다해 만든 책입니다. 읽고 주위에 권해주시길…
잘못된 책은 바꿔드립니다. 값은 뒤표지에 있습니다.